雙線法則

卓越總裁管理模式

聞毅 著

卓越總裁管理模式

掌握平衡之道，在善惡雙線間引領企業轉型

管理體系＋領導技能＝企業管理

管理體系管的是身，領導技能管的是心

目錄

目錄

目錄

前言 PREFACE

一直在做企業管理，也就一直在問自己一個「可笑」的問題，管理到底是什麼？同時，也就一直在想另一個問題，如何進行管理？

本書是對這兩個問題的思考和回答。

從事管理諮商的原因，我本能地會從企業最高管理者的角度，思考和回答這些問題。不過，相信本書所介紹的思想和方法，對一般的管理者，都有直接的應用價值。在本人的培訓課堂上，這些創新的方法，都廣受學員歡迎。

企業管理包含兩個部分的內容，一是管理體系，諸如，流程、制度之類；二是領導技能，諸如，企業文化，員工激勵之類。現在我們談企業管理，往往是偏重其中某一方面的內容，要麼是強調領導，貶低管理，要麼是突出管理，忽略領導。事實上，管理與領導，需要兩手都要抓，兩手都要硬。

有一點是很明確的，不論是管理還是領導，這些都是手段，都需要用在人上，才能發揮作用。以人為本，才能真正發揮管理和領導的價值。常識性的東西，往往反而被忽略。越簡單的東西，往往反而越糊塗。這需要深刻地認識人性，建立清晰的思維格局，了解為什麼要有管理，要建立什麼樣的制度，以及為什麼要有領導，如何進行領導。

明確就是力量，管理者思維沒有格局，認識陷入混亂，內心的無力也就因此而生。回顧當年的MBA學習，確實是掌握了很多的「術」，而沒有悟到基本的「道」。這本書算是補課的結果，也是反思的結晶，所以，也是希望帶來的價值。

寫作本書的目的，不是想成為一本學術專著，而是從企業管理的實際問題出發，對思考和探求的結果，進行系統的總結和提煉。同時，也希望本書成為一個通俗易懂，引發新思維和新方法的「磚」。拋磚引玉，與讀者共同促進企業管理的發展。

第一章
雙線法則，底線抑惡，上線揚善

人性有善有惡，人性向善

人性由自然屬性和社會屬性組成。自然屬性是人的動物性，是人作為一種動物的本性。但人之所以是人而不是動物，就在於有社會屬性。不過，這裡的人性是一個狹義的概念。本書所說的人性是一個完整的概念，既包括人的自然屬性，也包括人的社會屬性。

在動物的世界裡，沒有什麼善惡之分。動物沒有思想，也沒有自我意識，動物所做的一切不過是為了生存和繁衍，是出於本能。不管動物做了什麼，對動物來說，似乎還用不上善惡一詞，除了在童話故事裡。不過，動物世界的一支，進化成了人類世界。這個時候，就出現了所謂的道德，也出現了善惡的概念。善和惡，是人這種動物進化為社會人後，對自己的動物性進行的道德評判。不損害乃至滿足集體的公共利益，叫做有道德；不損害乃至滿足對方的私人利益，叫做善；反之，損害對方的私人利益或集體的共同利益，就叫做惡，或是叫做沒有道德。

人是動物，這個動物要繁育後代，出於本能會有愛，這種愛又會發展出「惻隱之心」和「不忍之心」，這是善的起源。人這個動物為了生存或為了更好地生存，有時不得不做出違背良善的事情，這就是惡的起源。生存問題得不

到解決，或是利益受到極大的威脅，人性中動物性的惡就會異常瘋狂，惡起來甚至比動物還可怕。電影《1942》對大饑荒的描寫，讓我們對人性有了更深刻的認知。

人是動物的事實，決定了人的這種善和惡是天性和本性，與生俱來，不可消滅。人的自然屬性就像一枚硬幣，這一面是善，那一面就是惡，不可分割，即使人已經進化成了社會人，從此有了社會屬性。

人自然屬性中的善是人性教化的起點，人自然屬性中的惡是人性轉化的起點。人社會化的過程，就是對人的自然屬性進行教化和轉化的過程。這種教化和轉化，將形成人的社會屬性，讓人性向善。

先說人性的轉化。

人作為一種「弱小的」動物，必須「群居」，從而以集體的力量抵抗大自然對個體生命的各種威脅。

「群居」就對人性提出的要求。大家在一起共同生活，就必須符合道德。應該怎麼辦事情，這就是道；大家都應該這麼辦，這就是德。每個人不能只顧自己的利益，必須照顧別人的利益。我不害你，也要求你不害我;我對你好，也希望你對我好。互不侵害，互相幫助，這樣才能在一起，共同生存。否則，對大家都不好。如果有人不遵守道德，那麼這個人在集體裡就無法立足。

慶幸的是，人之所以還能生存和繁衍，就是人作為一種高階動物，能夠從本能上意識到這一點，從而能自覺地維護和發展這種道德。於是，人性中的惡就得到了抑制，同時，也逐漸得到了轉化。道德，是「群居」的必要。生存，是人性向善的最原始動力。

不過，也正因為如此，這種道德是功利性的。這種對人性惡的轉化也是不徹底的，惡只是暫時被抑制住了。人性的向善不會讓人性的惡脫離人，一旦有機會，比如，在巨大的利益誘惑下，在僥倖心理的驅使下，人性的惡就可能會跑出來損人利己。不可否認，我們都不是什麼完人。我們惴惴不安的「小人之心」，就是我們人性深處的惡，想要冒出來。

再說人性的教化。

人自然屬性中的善，比如，我們的愛，我們的「惻隱之心」和「不忍之心」，讓教化有了根源。「群居」所需要的道德，所倡導的道德，會進一步引發個體的善，強化個體的善。而且，這星星之火可以燎原，讓人性的向善不再局限於自己的利益，讓人性可以得到昇華。也因此，人自然屬性中的善，就讓道德具備了超越性，可以不再停留在功利性上。

相信看過《拉貝日記》(*John Rabe*) 電影的觀眾，都會

被電影講述的故事所震撼。在南京大屠殺期間，德國企業家約翰·拉貝（John Rabe）面對日本軍隊的死亡威脅，竭力建立了國際安全區，挽救了二十萬中國百姓的生命。而這個被稱為是「中國版辛德勒」的人物，在功成身退後，卻窮困潦倒死於柏林。他對陌生人生命的救助，已遠遠超出自我的範疇。拉貝用他堅韌的眼神及厚重的話語，讓每一位觀眾都看到了人性的昇華。

人的自然屬性是基礎，社會屬性是「群居」對自然屬性進行改造和昇華的結果。社會屬性在自然屬性上進行疊加，從而構成一個完整意義上的人和人性。沒有這種改造和疊加，人就還是個動物。

我們所說的人性的惡是一個廣泛的概念。人性的惡，包括人的消極、懶惰、沉淪、貪婪、虛榮、自私和不勞而獲等，所有人性的弱點，都可以歸結為人性惡的一面。同樣，人性的善也是一個廣泛的概念。人性的善，包括人的積極、努力、進取、奉獻、付出、愛、感恩、責任感、無私等，所有人性的美好，都可以歸結於人性善的一面。本書的觀點是，人性有善也有惡，人性向善。這是本書所提出管理理論賴以立足的根基。

一直以來，我們講管理，往往說得比較多的是技術和方法。為什麼在這裡要從人性開始談起？主要原因有三條。

● 原因一，人性是管理的出發點

管理的根本問題在於管理者對人性的認識，它是一切管理方法賴以建立的基礎。管理者制定什麼樣的管理制度，採用什麼樣的管理方法，建立什麼樣的組織機構，都同管理者的人性觀有關。不同的人性認知，必然會引出不同的管理思想，進而又影響到被管理者，產生不同的行為，導致不同的管理效果。

人性假設是管理的基礎，縱觀管理歷史的發展，不同的管理模式和管理思想都基於管理學家對人性的不同假設。如果管理不能以人為本，管理將成為無源之術。

● 原因二，人性是管理之道

人性決定人心，人性是管理之道，人心是人性的反應。日常管理中出現的問題，大都是由於管理者對員工的錯誤認知。管理者管人，必須深刻地洞察人性，擺正自己的內心。管理技能缺乏道的承載，則所有的技巧都顯得那麼蒼白。技巧越多，問題反而越多。管理者的心沒有擺正，管理便不合乎人性，員工就會牴觸，自己也會處處碰壁。只有追根溯源，從本質方面思考和行動，才是正途和捷徑。

原因三，人性是管理的歸屬點

過去我們的管理，是以達成企業目標為唯一目的，員工只是完成組織任務的「工具」。而在新經濟時代，現代人力資源的開發與管理必須關注員工的發展。企業的抱負應該不僅僅局限於賺錢，還在於以企業為載體，改變員工的人格和心靈。目前，如何管理擺脫了貧困、逐漸變得富裕的員工？如何管理「七年級生」、「八年級生」新人？這些問題擺在眾位管理者面前，已經成為現代人力資源管理的一大課題。如果管理不是以人的發展為目的，管理最終也將失去作用。

聞氏「九型人格」

1. 關於自私的討論

我曾為一家擬上市的企業提供策略與管理方面的諮商。在專案的執行過程中，與這家企業的董事長溝通頗多，在管理的許多領域交流看法。除了長達數小時的當面交談或電話溝通外，用手機簡訊進行的筆談也非常多。累計下來，長達上萬字。

這位董事長曾發來這樣一條簡訊：

「我有兩個感悟：一是很多人都普遍存在急功近利／自私自利／不願創造／只想成功的傾向，人際矛盾激烈難調和？二是為了展現我公司客戶至上／創造價值／分享價值／共同發展的價值理念，改用『幫您一起成功』的口號如何？幫您是手段，一起成功（包括幫己）是目的。」

看了這段文字，我的心情很沉重。目前，很多企業員工的心態確實普遍存在急功近利的現象，特別是「七年級生」、「八年級生」的員工，已成為企業管理的一大難題。

事實上，在諮商專案啟動後的管理調查研究中，我們就已經發現，這家公司的老闆和員工之間瀰漫著一種互不欣賞的氛圍。透過分析，我們發現原因主要在老闆而不是員工。作為諮商顧問，我們了解雙方的苦衷，也總想為這事做點什麼，這次是個機會，於是，我回覆：

「關於兩個感悟，我有不同看法，人性的自私是管理的基礎，再溝通。口號的理念我是認同的，重點和措詞還需三思！以上，再聊！」

其後，董事長又發來這樣一條簡訊：

「自私有兩種：一種是自私自利，另一種是利人利己。以公司利潤為中心的企業屬於第一種吧？企業的老闆和員

工的心態、行為都必然會追求自身利益的最大化？而以客戶價值為中心的企業則屬於第二種，也即互利？其經營思路是多快好省地滿足客戶需求並同時利己。」

我回覆：

「我認為自私自利與利人利己是不矛盾的，市場經濟的法則是必先利人才能利己，才能自私。所以自由競爭的結果是，客戶價值永遠都是第一位的，績效管理的原則是有結果才有回報。不是因為我崇高，而是因為我必須這樣！這是一種低調實在的價值觀，但唯其如此，才更真實可靠！其實，仔細想想，我們的觀點是一致的！」

董事長回覆：

「都是要先滿足客戶、為客戶創造價值才能滿足自己，差別是主動創造還是被迫創造？兩種企業文化的經營效果不一樣？」

看來，這位董事長還糾結於利人的動機問題，似乎不能容納員工的私心。這可實在是有點「高標準，嚴要求」了。

簡訊的溝通告一段落，但我的思考卻不能停止。這位董事長是睿智的，提出來的問題深刻，發人深思。雙方的對話是一種智慧的交流和碰撞，但似乎問題還沒有得到非常明確的解答。是啊！自私自利，利人利己，這些詞彙，這些觀念，是管理人性不可迴避的問題。作為管理者或諮商顧問，需要有一個清晰的認識。為此，我仔細探究，痛苦思索，逐漸有了一個清晰的認識，願與各位讀者分享。

2. 聞氏「九型人格」

教練技術是一門關於調整人心態的學問。其中，「九型人格」是教練技術知識體系中的一個關鍵部分，常被用到很多管理場合，以增進對人的了解，做好人的工作。

以自私自利為核心，我展開研究，也提出了一套人格分析模型。這個模型同樣將人分為九種類型，不過為了區別於教練技術的「九型人格」，我們叫它「聞氏九型人格」。下面用「聞氏九型人格」模型對人進行分類，以更充分地了解不同的人。

人活在這個世界，簡單地講，就是兩種存在，自己與外部世界。每個人都在這個世界尋找自己的空間，確定自己的定位，同時獲取身的存在與心的安定。世界與自己，永遠處在一種互動當中。不是世界影響著自己，就是自己影響著世界，永不消停。

一個人在這個世界的行為，可以按照兩個維度進行分

析：對自己如何？對外部世界如何？對自己這個維度，我們採取一分為三的方法，將人的行為劃分為三種：利己、不利己不損己、損己。對外部世界如何？我們同樣一分為三地將人的行為分為：損人、不利人不損人、利人。這樣兩兩對應就可以得到九個區間和九種人型，如圖 1-1 所示。

利己	小人	庸人	常人
不利己 不損己	惡人	死人	善人
損己	病人	瘋人	聖人
	損人	不利人 不損人	利人

圖 1-1　聞氏九型人格

第一種：損人利己

這一類就是傳說中的「小人」。他們就像「過街老鼠」—— 人人喊打，每個人都不能接受他。所以，這類人往往隱蔽性很強。「小人」在故事中很多，但在現實中卻難以被發現。

第二種：利己，不利人不損人

這種是庸人。有人會說這類人是聰明人，我不敢苟同。一個人只利己，雖然不損人，也不利人，但不可能走得長。這種利己，只可能短期有效，長期無用。說到底，只是個庸人。這種人，社會不痛恨，但不見得受歡迎。一般來講，庸人會被看作是最自私的人，很多時候，我們都不能寬容。自私是人的本性，自私其實沒有什麼不可以，關鍵問題是損不損人。不損人，就可以寬容，也應該寬容。

● 第三種：利己利人

這一類是常人。是不是就是各位讀者本人啊？常人就是最常見到的人，最平常的人。人在社會中存在，利人才能利己，利己先要利人。平常人都知道這個道理，也在按這個原則行事。

● 第四種：損人，不利己不損己

對自己也沒有什麼好處和壞處，但是還會做壞事，這一類是惡人。不利己損人，只能說明惡性難改；損人不損己，做了壞事，自己的良心沒有什麼過不去，只能說明十惡不赦。一句話，就是個惡人。

● 第五種：不利己不損己，不利人不損人

這種人沒有任何追求，在這個世界活著也沒有任何意義，軀體是活的，心靈已經死亡，形同死人。

● 第六種：利人，不利己不損己

在可以幫助別人的時候幫助別人，是善人。這種人和這種行為都比較多，舉手之勞，沒想過回報，也不求回報，展現的是一種天性的善良。

● 第七種：損己損人

損害別人也損害自己，這種人是病人。這種病人不多，但這種病人的行為卻常見。這類行為背後，其實是魚死網破的輸的心態，而非大家都好的贏的心態。在這個時候，大腦已經失去了理智，心理上已經出現了疾病。

● 第八種：損己，不利人不損人

這種是瘋人，大多表現為一種「自殘」的行為。

● 第九種：損己利人

這種人是聖人。聖人可遇不可求，實際上是一種天性的純良質樸。對於聖人，我們可以推崇，可以提倡，但不能強求。企業最好不要妄想將常人和善人變成聖人，也不能唱高調，企圖將常人和善人逼成聖人。

損己利人還有一種情況是損害自己的物質利益，滿足自己的精神需求，這實際上也是利己利人，算不上聖人的行為，但這種行為需要一定的境界，並非一般常人能夠做得到，也值得推崇，我們可以稱他為聖人中的賢人。

賢人與聖人的差別只在一念之間，關鍵要看其行為的背後，在思想裡面是「有我」還是「無我」。「有我」是賢人，「無我」就是聖人。

不管他們的行為損不損己，結果都是利人的。這類行為都是值得提倡的，就不要糾結於他們內心的動機。要考察一個人的動機實在有些困難，也有些強人所難。

動機是什麼？是不是可以想怎麼說就怎麼說了。動機也無法被證明，說你的動機有問題，你也沒有辦法證明自己的動機沒有問題，這樣就非常容易被「興師問罪」，常言道「欲加之罪，何患無辭」，於是乎在「大公無私」的「大棒子」下，追問別人的動機，最後就逼迫他走上唱高調這一條路。那麼怎麼唱高調就可以怎麼唱了，於是出現了一派的「假、大、空」的市場。

值得一提的是，還有一種假聖人，以犧牲小私，換取大私，以其表面的損己利人，實現其深藏的損人利己。這是一種最可怕的真小人，不管是對國家治理還對企業管理來講，都不能不防這種人。真小人為什麼可以得逞？就在於「假、大、空」有市場。

這樣的人有小人、庸人、常人、惡人、死人、善人、

病人、瘋人和聖人九種類型。如果再細分的話，可以將小人分為只謀求蠅頭小利的小小人和有「雄心壯志」的真小人；可以將常人分為沒什麼眼光只看到眼前利益的聰明人和有眼光能看到潛在利益的智慧人；以及可以將聖人分為無我有境界的聖人和有我又有境界的賢人。

這樣就有 12 種人型。大千世界，確實是紛繁複雜，有了這個分類，至少可以讓我們梳理出清晰的認識。

3. 企業需要什麼人

林林總總的人，將組成每一個企業。什麼人可以存在於企業？作為管理者，需要思考企業需要什麼人？我們逐一分析。

常人，這種人可以有，數量最多。

善人，這種人可以有，數量也不少。

聖人，當然沒有問題，不過聖人可遇不可求。相反的，要提防假聖人和偽聖人。

庸人，這種人可以有，可以寬容，也應該寬容。

小人，這種人不可以有，小人必將破壞企業文化，小人得志後對企業的破壞更大。「死人」，這種人可以不要，管理對他不起任何作用，也永遠不能被依靠，因為他已經「死了」。

惡人，這種人不可以有，惡人當道，民不聊生。

病人，這種人不可以有，他需要先治好病，然後才能考慮，否則就是雙輸的結果。

瘋人，這種人不可以有，需要讓他去該去的地方。

所謂的企業管理，管理的對象都是普通人。普通人基本是由常人、善人和庸人組成的。大部分普通人是自私的人，把管理的著力點放在人的自私。因此管理的功能就是調諧、凝聚每個人的「私」，化為企業的「公」。把自私當成企業管理的起點，承認員工的私，滿足員工的私，才可以實現企業的「公」。那些對員工的「私」耿耿於懷的管理者，需要調整自己的想法。

人們常常把自私與自我糾纏在一起，把自我當成自私，其實兩者是有所不同的。自私是自我的基礎，沒有自己的私，也就沒有了自己的這個我，這也是為什麼容易混淆的地方。但是，自我是對自私的「社會化改造」，自我實際上是一種能夠對自私負責的狀態。自私的人與自我的人在考慮問題時的出發點是一致的，都是自己的私，但實現私的方法不一樣：自私的人會不顧及別人的利，甚至會損人利己；自我的人是利人利己或是利人損己。所以，一般來講，小人、小人中的真小人、庸人，算是自私的人；常人、常人中的智慧人、善人、聖人中的賢人，算是自私中的自我的人；聖人是「無我」。在現實生活中，與自私的人和自我的人相處，結果也是不一樣的：大家都很討厭自私的人，可以接受自我的人。

自私與自我為什麼會被糾纏在一起？還有另外一個原因，自我的人往往私心過多。如果自我的人遇到事情，能夠多一些「無我」，少一些「自我」，少一些私心，往往會更討人喜歡。常言道：「心底無私天地寬。」

兩手都要抓

在做企業管理時，首先考慮的是員工「做不到怎麼辦」？而不是「做到了怎麼辦」？只有解決了「做不到怎麼辦」，讓員工不可能做不到，消除了人性中惡的一面。這樣才有基礎去實現「做到了怎麼辦」的經營理念。

1.「雙線法則」

人性有惡有善，人性向善。這是我們確定管理價值觀的出發點，也是我們制定管理方法論的基礎。如何抑制人性中的惡？如何激揚人性中的善？現提出管理的「雙線法則」，「雙線法則」的底線是每個員工必須達到的工作要求，達到後就可以獎勵，沒有達到就必須受到懲罰；上線是期望每個員工達到的高標準工作標竿，達到就可以得到更高的獎勵，沒有達到不受懲罰。所以，底線是強制性的，上線是引導性的，如圖 1-2 所示。

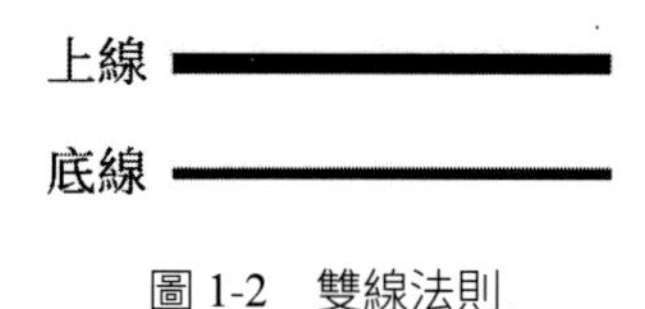

圖 1-2　雙線法則

為什麼底線必須是強制性的？我們可以看看兩個簡單的數學算式：

A：$0.9\times0.9\times0.9\times0.9\times\cdots\approx 0$

B：$1.1\times1\times1.2\times1.6\times\cdots\times0=0$

如果算式 A 是 10 個 0.9 相乘，結果是 0.3486784401；如果是 50 個 0.9 相乘，結果是 0.0051537752，已經趨近於零；如果是 100 個 0.9 相乘，那麼結果是 0.0000265614，基本就是 0。不算不知道，一算嚇一跳。這告訴我們一個什麼道理？

如果一家企業有 50 位員工，如果每位員工的工作都離底線的工作標準差一點，那麼這家企業最後的工作結果是趨近於零；如果這家企業有 100 位員工，那麼結果基本就是零。

算式 B 說明了這樣一個道理。如果一家企業的員工工作都很努力，但是有一位員工的工作完全失職，那麼這家企業所有員工超額努力的結果還是零。

企業規模越大，人數越多，則規定的底線必須更加清晰和強硬，要求每個人都必須盡到自己的職位職責，不能差一點點。每個人都差一點點，給企業帶來的結果是災難性的。另外，管理中也不能有人瀆職，否則，所有員工的努力都會被他毀於一旦。

底線的強制性針對的是人性中的惡。設定底線是要將人性中惡的一面給予抑制，同時希望將惡轉化為善。這種惡是不能被消除的，設定底線的目的在於抑制和轉化。上線是引導性的，針對的是人性中的善，引導員工更多地發揮人性善的一面。上線只能被引導，而不能被硬性要求，也不能做過多的指望。

企業管理涉及兩個方面，一是管理體系，二是領導技能。管理體系是透過硬性的流程制度來規範或限制人的行為，它是在外發生作用，針對的是底線；領導技能是透過軟性的思想觀念影響人的行為，它是在內發揮作用，針對的是上線。簡單地講，管理體系管的是身，領導技能管的是心。

針對底線，我們需要的方法是管理體系；針對上線，我們需要的方法是領導技能。底線與上線只能用各自的方法達到各自的目的。管理底線如果用上線的領導技能，那無疑是天真和幼稚；領導上線如果用底線的管理體系，則必然引起員工的反感和對抗。

管理者需要在思維上建立管理的格局和清晰度，明白底線是發揮上線作用的基礎，上線是彌補底線不足的手段。進一步認識管理是發揮領導作用的基礎，領導是彌補管理不足的手段。「雙線法則」的底線與上線組合在一起發揮作用，缺一不可。

現代企業的競爭，以前是在底線上進行的。底線管理得好，企業就能發展甚至輝煌。然而，隨著競爭的不斷加劇，管理好底線只能求得生存，領導好上線才能追求卓越。這就對企業的管理提出了更高的挑戰。而且，這個底線也是動態變化的，過去的底線有可能已經不能適應競爭的要求，所以企業必須進行動態的底線管理，不斷提高底線的管理標準，這樣才能跟得上社會的發展。一勞永逸，會讓企業被社會淘汰。

經營一家企業，挑戰和痛苦，突破與希望，就在底線和上線。「雙線法則」可以讓企業家、經理人等梳理管理思維，搭建思維格局，以面對未來的挑戰。

企業家的管理著眼點首先是建立底線的管理制度，在此基礎上發揮領導技能，透過企業文化來影響企業。當企業規模越來越大，企業家所能直接覆蓋的半徑就越來越小，這時企業家最好學習孫悟空，搖身將自己變成兩個「影子」，一個是管理體系，一個是企業文化。透過這兩個「影子」來確保企業的運作。

底線制度既然是最基本的要求，那麼就必須得到執行。制定底線制度的重點不是有多麼理想，而是要有多麼可行，可行比理想更重要。換句話說，制定底線不能追求理想中的完美，而是必須追求現實中的可行。

有些企業在制定制度時，追求完美乃至高標準，認為「取乎其上，得乎其中」，所以訂立的制度必須要「立意高遠」。其實，完美的制度本身就大大加強了執行的難度。在過於繁瑣和複雜的制度面前，企業的各級管理者理解和掌握制度就已經是一個大的問題，執行起來也是「心有餘而力不足」，最後不得不草率了事。另外，過高的制度要求和過於嚴厲的試圖造成「嚇唬」作用的懲罰措施也讓制度在真正遭受破壞時，相關的懲罰不能得到嚴格的落實，讓制度的權威性大打折扣。我曾經見過一家企業的管理制度彙編，厚厚的一本，七八百頁紙，密密麻麻地寫滿各種規定。我與董事長溝通後了解到，這位董事長特別崇拜制度管理，認為精密完美的制度就可以將企業管好，訂下制度就是定「基本法」，至於具體如何執行，以後再說。

這樣，在員工看來，制度可有可無，制度只是用來看的，起教育作用的，起嚇唬作用的，而不是要真正被實施的。制度得不到執行，除了執行的問題，制度本身的問題也需要反省。制度是底線，考慮的只能是最基本的要求。制度本身只存在被破壞後的懲罰教育，不存在「立意高遠」的激勵教育，「立意高遠」的作用應該交給上線來完成。

有這樣一個故事。從前，在一個荒島，有兩個飢餓的人得到神的恩賜：一根釣竿和一簍鮮魚。其中，一個人要了那簍魚，另一個人拿了釣竿，然後他們就分道揚鑣了。得到魚的那個人，在原地就用乾柴搭起篝火煮了魚，連魚帶湯就吃了個精光。不久，這個人就餓死在空空的魚簍旁。另一個人提著釣竿，忍飢挨餓，一步步艱難地走向了海邊。到達海邊時，他用完了最後的一點力氣，只能拿著釣竿，帶著無盡的遺憾離開人間。

又有兩個飢餓的人，他們也得到了神同樣的恩賜。只是他們並沒有各奔東西，而是商量好共同去找尋大海。他倆每次只煮一條魚分著吃，經過遙遠的跋涉，終於來到了海邊。從此，兩個人以捕魚為生。幾年後，他們蓋了房子，建造了漁船，過上了安定的生活。

這個故事的寓意是什麼？大家都會說，合作很重要。不過除此之外，我還想說，可行比理想更重要。企業只有帶著理想做可行的事，才可能成功。就像馬雲所說：「今天很殘酷，明天更殘酷，後天很美好，但是絕大部分人死在明天晚上。」

2. 治國與治企

「雙線法則」與治理一個國家的方式一樣，法律是底線，道德是上線，缺一不可，只有把法律與道德有機結合起來，國家才能長治久安。而且，法律比道德更基礎，也更可行。

僅靠道德的教育和感化，沒有法律作為基礎，社會不可能和諧和穩健。孔子主張用道德來治理國家，認為「道之以德，齊之以禮，有恥且格」。意思是這樣，用道德來引導，禮儀來規範，人民不但知羞恥，還能自律，不做壞事，也不想做壞人。這個當然很好，不過問題是做不到，原因很簡單，人性中的惡不會被消滅。而且，做不到還會導致一個問題，就是在道德的宣教下，人不得不做假好人。這種人的危害，有時更大。

只有法律的威懾乃至懲罰，沒有道德的教育以致感化，社會的治理成本就會太大。孔子也曾說：「道之以政，齊之以刑，民免而無恥。」就是說，用政令來引導，用刑罰來規範，會讓老百姓不敢犯罪，卻沒有羞恥心。沒有羞恥心，就總會有人想犯罪。也是就俗話說的，不怕賊偷，就怕賊惦記。賊惦記比賊偷，在心理上，讓人覺得更恐怖。單純依靠法制的結果，是禁止了人的行為，但禁止不了人的思想，有時適得其反，還在教唆人犯罪。這也是為什麼孔子堅決反對法制的原因。

孔子拒談人性，提倡仁愛，主張以德治國，留下了儒家的寶貴思想。然而孔子的治國理念雖然理想但並不可行。事實證明也是如此，孔子周遊列國，推銷他的學說，沒有一個君主採納，孔子終身惶惶然，不得其志。

後代帝王無不明白，孔子的那些「大道理」好是好，不過要是老百姓不聽，自己可是一點辦法都沒有的。所以，明面上還是要唱高調，皇上是聖人，官員是賢人，這樣好唬弄老百姓，暗地裡就是另有一套，祭起的是法家的嚴刑峻法了。所以，中國兩千多年的封建史，歷朝歷代無不是「明儒暗法」、「兩面三刀」的統治術在真正發揮作用。

現代社會雖然不提倡嚴刑峻法，以法施教，但是保障社會的正常運轉，必須要有法律的底線。國家的管理，法律是底線，道德是上線。

美國加州一名95歲的老婦人，有一天在家清理房間，發現一本舊書，再看書頁裡的書籤，她不禁大吃一驚，原來這本書是市立圖書館的，是她去世多年的丈夫借的，現在已逾期74年沒有歸還！

老婦人知道，如果現在將這本書歸還圖書館，她將支付罰金。當然，如果她不歸還，也不會有人找她。但是她想，自己應該為丈夫的過錯承擔責任，於是她決定歸還這本書。

第二天，她帶著那本書來到市立圖書館，向圖書管理員說明了情況，代替已故丈夫表達了歉意，並表示願意接受圖書館的處罰。圖書管理員表示，將向館長彙報情況，再告訴她處理決定。

三天後，老婦人接到了圖書館的書面通知。通知上說，根據圖書館的規定，這本超期未還的書，應處以2,701美元的罰金，所以請她到圖書館繳納罰金，接受處罰。

老婦人沒有任何異議，帶著錢來到圖書館，繳納了罰金。當她交完錢要離開的時候，圖書管理員又向她宣讀了另一個書面決定：圖書館決定獎勵她 2,701 美元，以表彰她主動歸還圖書的行為。

一邊是繳納 2,701 美元罰金，一邊又頒發 2,701 美元獎金，這種決定讓人感到困惑。為此，有一位記者問圖書館館長：「為什麼不直接免除 2,701 美元罰款，而要先罰後獎呢？結果不是一樣的嗎？」

館長回答道：「罰款是法律，誰也不能逃避法律的制裁，誰也沒有權力改變法律的規定，所以她必須交這筆罰款；但作為圖書館，有權對優秀讀者進行獎勵。罰款和獎勵是兩回事，不能混為一談，她得到的 2,701 美元獎金，和她先前所交的 2,701 元罰款沒有任何關係，兩者不是一回事。」

法律和道德針對兩個不同的領域，具有兩種不同的功能，我們不能把兩者混為一談，這是治國的理念。管理企業與治理國家在思維模式上其實都是一致的。

中小企業的發展，往往是老闆有雄心，而組織能力成為弱點。過往企業的發展，依靠的是老闆的關係、經驗和權威。然而，隨著組織的發展，我們需要意識到，關係是不可靠的，經驗是有限的，權威也是表面的。這些都將成為阻礙企業發展的瓶頸。

制度比人可靠，並且制度的延展性和可複製性是無窮的，制度才是企業穩健發展的基礎。企業管理首先是制度問題。制度是一柄雙刃劍：它能把員工不受規範的行為約束起來，讓員工不要犯錯，讓員工更有責任心；某些制度也可能將員工的創造性和主動性打壓下去，使員工失去上進心。

世界上根本就不存在所謂「完善的制度」，能解決所有問題的制度。這樣，就需要建立上線的企業文化，在員工的內心深處解決問題。企業做大了，老闆不可能做到全知全能，就更需要透過企業文化使員工同心同德。

企業管理之難，不僅難在制定和執行一套底線制度，更難在需要讓員工把握和認同制度之上的上線期望，並能夠在企業的各個層面貫徹到位，達到以下的狀態：員工在沒有監督、沒有制度的時候，能以企業利益為導向，恰當地處理面臨的問題；在需要的時候，能將處理類似問題的慣例轉化成為制度；在制度變得不合理的時候，能夠挺身出來，積極主動，承受壓力，廢除舊制度，制定新的適應變化的制度。

第二章
二度空間，負責的反面是什麼

上一章講的「雙線法則」，可以讓我們重新認識責任心，並獲得新的靈感，也能讓我們意識到以前管理員工責任心的不足乃至缺憾。

請大家思考一個問題：負責的反面是不是就是不負責？有責任心的反面是不是就是沒有責任心？過去我們都是一分為二的思維，員工要不沒有責任心，要不就是有責任心。這讓我們陷入非黑即白的境地，思想的空間受到局限，影響了管理效能的發揮。

一分為三，區分產生智慧

我們曾經學過要堅持一分為二地看待人和事，防止片面性和絕對化。然而，隨著生活體驗的加深，我們逐漸發現，自然世界和人類社會並非都是一分為二的，而是一分為三的居多：時間的劃分，不管歷史多麼久遠，未來多麼漫長，均由過去、現在與將來三者組成;物質的存在形態，可以分為固態、液態和氣態；人類生存的地球，分為為南半球、北半球和中間的赤道；數學上的數字，有正數、負數和零，零既不是正數也不是負數。多種觀察都發現，世界多數是一分為三的。

換一個角度思考，任何一種事物轉化成另一事物時，

在其轉化的過程中，都有一個過渡階段，或者叫中間狀態和中間環節。在這個階段會生存在一個中間物，它在事物運動發展變化中普遍存在，與對立物形成三位一體，從而使一分為三成為現實。

一分為三有重要的思維價值和實踐意義，有助於我們全面而客觀地認識事物和分析事物，避免片面性，提高創新能力。一分為三是三元立體思維，在一定程度上克服了一分為二平面思維的不全面性。它能更好地全面地把握事物存在的本質和變化關係，從而幫助我們更好適應紛繁複雜的自然界和人類社會。

在今天，一分為三的觀點已經得到了很好的應用。「亞健康」（subhealth）概念的提出，就是一個典型。以前，人的健康狀況只分為健康和不健康兩種，「亞健康」的概念提出之後，健康狀況分成健康、亞健康和不健康三種。屬於亞健康的人群有向疾病轉化的傾向，是一個不可忽視的重大問題。所以，現在市場上有很多保健產品，防止亞健康向不健康轉化，讓更多的人從亞健康走向健康。

在古代，一分為三的說法雖然沒有被明確提出。但是，一分為三的觀念卻一直貫穿於傳統文化的各種典籍之中。早在古時，中國著名思想家老子，曾用「道」說明宇宙萬物的起源，提出了「道生一，一生二，二生三，三生萬物」的觀點。

再如大家熟悉的中庸之道。孔子說，叩其兩端而執其中。「叩」是分析的意思，分析兩端的情況；「執」是用的意思，用中間的這一塊。這就是中庸的基本含義。「中」是適中、合度、和睦的意思，「執中」表現了一種和諧的處事方式，與極端化、絕對化、片面性形成對立。在這種思維方式中，「兩端」與「中」相加為三，也是對事物的一分為三。

在西方的哲學家那裡，一分為三的觀念也處處展現在他們的主要觀點和論述之中。與中庸所展現的一分為三的思想如出一轍。

黑格爾（Hegel）曾提出發展的正、反、合辯證法就是一分為三思維的一個具體翻版。黑格爾的龐大體系，就是用正、反、合的三分法螺旋上升而構築成的。

亞里斯多德（Aristotle）曾說：「德行就是中道，是對中間的命中，過度和不及都屬於惡，中道才是德性，……是最高的善和極端的正確。」

他進而列舉道：

「在魯莽和膽怯之間是勇敢，

在放縱和拘謹之間是節制，

在吝嗇和揮霍之間是慷慨，

在矯情和好名之間是淡泊，

在暴躁和麻木之間是溫和，

在吹牛和自貶之間是真誠，

在虛榮和自卑之間是自重，

在奉承和怠慢之間是好客，

在諂媚和傲慢之間是友誼，

在羞怯和無恥之間是謙和，

在嫉妒和樂禍之間是義憤，

在戲謔和木訥之間是機智，

如此等等。」

我再加上：

「在責任與放任之間是信任，

在盡責和失責之間是負責，

在自負和自卑之間是自信，

在縱容和苛責之間是寬容。」

建立一個「責任三度空間」

「雙線法則」是一種一分為三的思維。兩條線切割出了三個空間，用於責任管理，我們叫它「責任三度空間」。

員工達不到底線的工作要求，叫不負責和無責任心；員工達到了底線的工作要求，但沒有達到上線的工作期望，叫負責和有責任心；員工沒有達到上線的工作期望，或是不追求上線，只是說明他沒有上進心，而不能說他沒有責任心。如圖 2-1 所示。

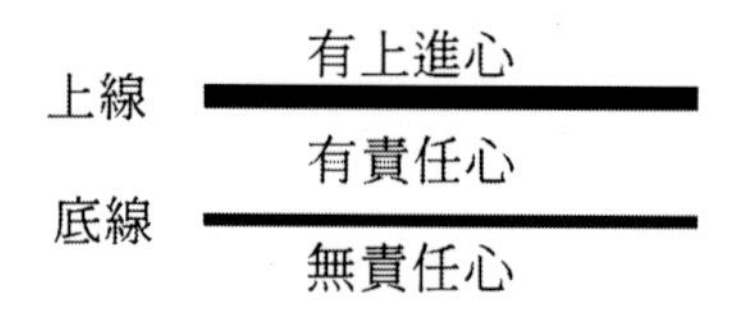

圖 2-1　責任三度空間

1. 情景案例分析

「責任三度空間」可以為我們日常的管理工作帶來新的思考，獲得一種用不一樣的眼光看待平時習以為常的人和事的方法。

我們有一起研究一家企業客戶服務部門的實際案例。

這家企業規定：客戶服務部的電話接聽員在規定的工作時間內，應該在電話鈴聲響起的 3 聲內接起電話，受理客戶維修、諮商、投訴，下班時間是 5：30。

我們分析這樣一個情景。電話服務員小張忙碌了一天，這時候已經 5：28，小張準備要下班了。這時電話響了，請問小張該不該接？不接聽是不是就是不負責任？答案是顯然的，工作職責的要求必須接聽電話，不接聽肯定是不負責任的表現，即使這個電話會占用很長時間，然而在 5：30 之前響起的電話就必須要接聽。我在培訓課堂上多次提出這個問題，讓大家舉手表明態度。上千位學員無一例外，大家的觀點都是一致的。

有趣的問題是下一個。這時是 5：40，小張也下班了，正在座位上收拾自己的東西，想著要打個電話給男朋友，確定去哪吃飯閒逛。這個時候電話響了，請問小張該不該接？對於這個問題，大部分學員的觀點還是應該接。當然，受訓的學員基本都是企業的管理者，從管理者的角度來看這個問題，有這樣的一個答案很正常。但如果從小張的角度來看這個問題，想法可能就會不同。小張受公司的培養多年，電話 5：40 響起，她在座位上很自然地就接了，也沒有想很多。關鍵是你作為小張的領導，也認為這是她應該做的，那麼你對待她這次行為的言語、眼光和態度也會流露出這是應該的。小張也會感受到你的態度，她的心裡就會有反應，認為自己不應該接聽電話，以後下了班就會想著趕快跑。而如果你作為小張的領導，認為她接聽電話不是應該的，接聽了電話實際上就是一種有上進心的表現，那麼你就會很自然的流露出一種欣賞、認可、鼓勵的態度。這時小張也會感受到你的態度，她內心的反應就會不同，以後也會心情愉悅地有同樣的表現，如圖 2-2 所示。

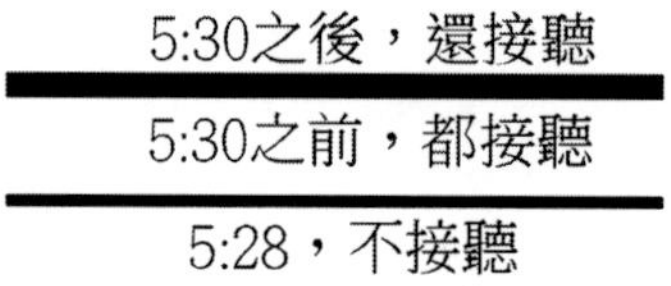

5:30之後，還接聽

5:30之前，都接聽

5:28，不接聽

圖 2-2　責任三度空間

管理者的一念之差，所產生的管理效果就會完全不一樣。

管理者建立了「責任三度空間」的思維，才能進行有效區分，正確區別對待員工的不同行為。其實管理往往就是一念之差，只有學會正確的區分，才能產生更多的智慧，實現需要的管理效果。一顆智慧的心，讓管理者的心態和出發點產生變化，語言和行為就完全不同，管理的效果也就大不相同。管理者需要不斷地反省自己，才能獲得不斷提升。

2. 植樹的責任分析

我們再分析這樣一個案例。甲、乙、丙三個人一組，他們的工作是植樹，甲的任務是挖坑，乙的任務是取樹苗和放樹苗，丙的任務是培土。這時候，乙的手被樹苗劃傷，血流不止，需要包紮，於是離開了工作現場。如果甲和丙仍繼續工作，甲還是挖坑，丙還是培土，自己的工作正常進行。但是，他們是在植樹嗎？他們都在堅守職責，但他們的工作有結果嗎？答案肯定是否定的。

案例很小，但問題令人深思。

第一個問題是出現這種勞而無功的結果，是誰的責任？是甲和丙兩位員工的責任，還是管理者的責任？責任肯定是管理者的。管理者的職責就是對整體工作的結果負責，如果出現缺位，管理者要能及時發現問題並及時解決問題。甲和丙兩位員工的責任就是做好自己的工作，對自己的工作結果負責，而不用對整體的工作結果負責。

第二個問題是如果丙不主動補位，那麼丙是不是沒有責任心？如果甲能主動補位，那麼甲是不是就有責任心？答案是丙是有責任心的，不過，甲不僅有責任心，而且還有上進心。

責任心與上進心是兩種不同的工作心態。責任心就是能做好自己的本職工作，對自己的工作結果負責。在本案例中，丙的責任是培土，他能將土培實，讓樹苗不歪斜，就是在負責，有責任心；甲的責任是挖坑，他能按要求挖一個符合深度要求的坑，就是有責任心。上進心是能主動擔負更多的責任，這些責任已經超越自己的工作職責範圍。簡單講，上進心擔負的是一種義務，而不能是一種責任。甲能主動補位，讓工作有結果，這是他在盡義務，而不是在負責任。

責任心是對員工的要求，上進心是對員工的期望。作為管理者，我們可以期望員工有上進心，對整體流程的結果盡責，但並不能要求員工負起這個責任，因為這是管理者自己的責任。管理者可以要求的，只能是員工對自己的工作結果負責。如果管理者要求員工對整體流程的結果負責，其實是在逃避自己的責任。

從管理者的角度來看，出現臨時缺位的時候，我們可以期望或是暫時要求員工採取主動補位的行為。如果暫時的缺位一直得不到解決，管理者還在一直期望甚至是要求員工主動補位，這就是管理者的失職。管理者的責任是在流程和制度上查漏補缺，對整體工作流程的結果負責。

而且，如果管理者反覆依靠員工的上進心彌補自己管理的缺失，讓員工將義務變成了責任。這種做法，實際上是在打擊員工的上進心。以後，猜想甲也不會願意再主動

補位了。管理者沒有責任心，打擊的是員工的上進心，甚至是責任心。

3. 盡責、守責和失責

企業管理的核心是責任，責任來自於職務，所以責任管理的具體內容是職責。什麼是職責？職責是職位存在的價值。職是職位要做什麼，通常講的是職務。責是要做到什麼程度，達到什麼結果，通常講的是責任。職是過程或行為，責是結果。有過程、有行為才可以保證出結果，有結果才能創造價值。員工都需要肩負職位職責：沒有做，員工就是失職；員工做了但沒有達到目標，就是失責。如果失職失責，管理者就要問職問責。

有上進心、有責任心和無責任心是員工的三種工作心態。心態不同，對待工作的方式以及工作的結果就會不同。有上進心員工的表現是盡職盡責，有責任心員工的表現是守職守責，而無責任心員工的表現是失職失責，如圖 2-3 所示。

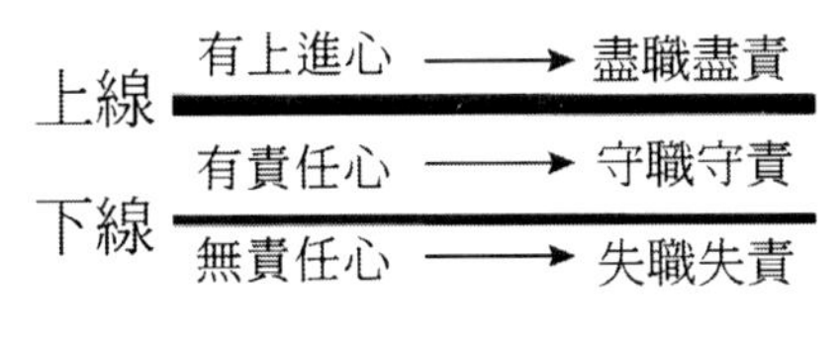

圖 2-3　責任三度空間

小王是公司總裁的祕書，她的職責之一是列印總裁的文稿。她的做法是：在要求的時間內按草稿一字不差地打字，再排好版，列印出總裁要求的數量。這樣，她就認為自己的工作已經完成。可以看出，小王是在守職守責。

小張是另一間公司的總裁祕書，她工作的方法是：在要求的時間內按草稿打字，並排好版，再檢查原稿中是否有錯別字，語句是否通順，語法是否正確，修改完成後再列印出來。到此，工作才算完成。這樣不難發現，小張是在盡職盡責。

高雄市有一名公車司機李濟溪，在駕駛 70 號公車途中突然心臟病發作，就在生命的最後一分鐘，他做了三件事：

第一件事是把車緩緩地停在路邊，並用最後的力氣拉下了手剎車；

第二件事是用盡全身力氣把車門開啟，讓乘客可以安全地下車；

第三件事是將引擎熄火，確保了車和乘客的安全。

做完這三件事後，他趴在方向盤上停止了呼吸。

如果在平時，汽車出現故障，司機突然犯病，公車司機做這三件事，應該講是完全應該的，這是職責所在，司機必須守責。然而，在生命的最後一分鐘，李濟溪都不忘

對乘客所擔負的責任，這就不是守責，而是在盡責了。這樣的人，值得我們敬佩。

上進心與責任心的區別就在於出發點不同和負責的對象不同。

上進心是對事負責，力求將工作做到最好。有上進心的員工，平時就會做有心人，總是能發現問題，並主動尋求解決方案，需要交代的只是事情的結果和自己的內心。一般來講，事情是否做到最好，自己是否盡了心和盡到了力，往往只有當事人自己知道。

責任心是對制度負責，制度欠缺，就表現為對人負責。責任心不強的員工會被動地做事，不會主動提出問題，也不會主動提出解決方案，讓自己的工作守住底線，對制度有交代或是對領導有交代就算可以。責任心強的員工會向上線靠攏，不過，判斷是否有上進心，要看表現和行為的經常性。

在一家賣場，有一位顧客到某品牌專櫃購買了一台筆記型電腦準備送給自己的朋友，顧客滿意地拿走了電腦，店員突然發現顧客帶走的筆記型電腦是專櫃的展示機，機子雖然沒有什麼問題，但是已經使用了較長時間。他馬上撥通了顧客留下的電話號碼，請顧客方便時到店裡更換。

可以看出，這位店員的作法是有上進心的表現，是盡職盡責的行為。

有責任心和有上進心的員工都是企業需要的員工。沒有責任心，失責的員工，則是企業不能容忍的，他們的存在就像害群之馬，破壞企業文化，阻礙企業的健康發展。

不過，從管理的角度來看，員工不負責，沒有責任心，都是管理沒有做到位的結果，說到底是管理者的失職。消除員工的不負責，建立員工的責任心，必須依靠制度的力量。責任心不是灌輸出來的，也不是強調出來的，而是管理出來的。員工沒有責任心，只能說明企業沒有管理。員工的責任心不強，只能說明企業的管理水準不高，管理者的領導技能不夠。

「責任三度空間」讓管理者學會寬容，也學會了區別對待不同層面的員工：對基層員工，要杜絕失職失責，挑戰守職守責，驅動盡職盡責；對中層、高層管理者，才能要求盡職盡責，杜絕守職守責。建立「責任三度空間」的管理思維，可以讓管理者少一些煩惱，打消一些不切實際的幻想和期望。

重力與推力系統

管理的重點是員工的責任心。從事管理諮商十多年，我們與企業的各層管理者交流，可以深切感受到員工的責任心問題一直不斷地困擾著我們的管理者。作為管理諮商師，我們深感如果這個問題不能夠被徹底解決，企業想要獲得長足的發展，舉步維艱。

「雙線法則」基於對人性的判斷，用兩條線來管理員工的責任心。底線抑制人性的惡，戒除員工的不負責，建立員工的責任心。上線激發人性的善，挑戰員工的責任心，引導員工建立上進心。

底線是最基本的規則和制度。底線是清晰的，是一條明確的線。建立底線，目的在於讓每個人都必須超越底線，但是它會不斷經受人性惡的考驗。我們將這些破壞底線的因素和使人墜落的力量歸結為底線的重力。

防止員工的墜落，我們就需要分析這些重力，並透過我們的管理措施來抵消這些重力，發揮人性善的作用，將員工的表現提升到底線之上。這些管理措施，我們歸結為底線的推力。

上線是高標準的期望，而不能是要求。力求上線只能是軟性的激勵，而不能是硬性的規定，所以上線可能是一個邊界模糊的範圍，如圖 2-4 所示。

設立上線的目的在於讓員工挑戰自我。上線也會不斷經受人性惡的考驗，我們將這些破壞上線的因素和這些使人墜落的力量歸結為上線的重力。

上線與底線不同，上線的重力與底線的重力也不同。這時，我們同樣需要分析上線的重力，透過我們的領導技能，而不是管理措施，激發員工內心善的力量，將員工提升到上線乃至上線之上。所有這些基於上線的領導技能，我們歸結為上線的推力。

管理措施是底線的推力。強而有力的推力不僅能有效抵消重力，還能為人帶來超越底線之上的力量。不過，寄託於透過底線的推力將員工提升到上線是不可能的。越往上走，上線的重力就會越來越發揮作用，抵消底線推力的作用。這時需要上線的推力參與進來進行接力，共同抵消上線的重力帶來的負面影響，將員工的表現提升到上線。

這就是「雙線法則」的「重力與推力系統」。取得管理成果與領導績效，就需要分析這些重力，研究和制定相對應的推力。

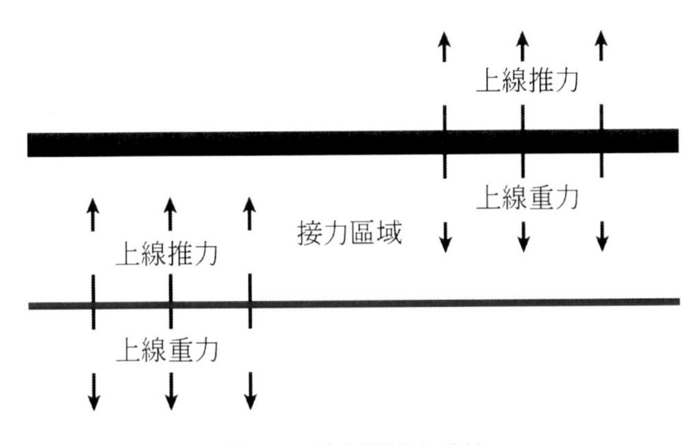

圖 2-4　重力與推力系統

1. 底線的重力與推力

前面我們運用「雙線法則」對責任心進行了一分為三的區分，獲得的一個結論是：員工的責任心有三個空間：無責任心，有責任心和有上進心。下面，我們將具體研究員工為什麼沒有責任心？以及，如何建立員工的責任心？在第二章，我們會將「雙線法則」的應用推向深入，進一步闡述「雙線法則」的管理技能。

先提出三個問題，請讀者思考：

● 問題一、員工為什麼會沒有責任心？

你的回答是：________________________________

● 問題二、員工為什麼敢沒有責任心？

你的回答是：＿＿＿＿＿＿＿＿＿＿＿＿＿＿

● 問題三、員工為什麼能沒有責任心？

你的回答是：＿＿＿＿＿＿＿＿＿＿＿＿＿＿

透過我的分析，本文的觀點是：

員工為什麼會沒有責任心？因為企業提供了一種得過且過的環境，讓員工沒有責任心。那麼，員工為什麼敢沒有責任心？因為企業的制度形同虛設，制度只是一份文件，制度的執行沒有得到有效的檢查和落實，員工心中並不敬畏制度。最後，員工為什麼能沒有責任心？因為員工有責任心沒有得到好處，沒有責任心也沒有得到什麼壞處。

所以總結起來，員工沒有責任心的原因是得過且過、僥倖心理和沒有差別。我們將這原因稱為破壞底線的三大重力。在第三章和第四章，我們會一條一條地加以分析。

如何解決員工的責任心問題？透過分析，我們知道，管理責任心首先要建立一套管理責任的制度體系，建立一個人人負責的責任環境。因此，針對得過且過、僥倖心理、沒有差別的這三大重力，我們一對一、有針對性地制定了明確職責、嚴格執行、績效激勵三大管理措施。我們將它們統一稱為管理底線的三大推力。在每一條重力原因分析之後，我們也將闡述解決每一條重力所需要的推力，如圖 2-5 所示。

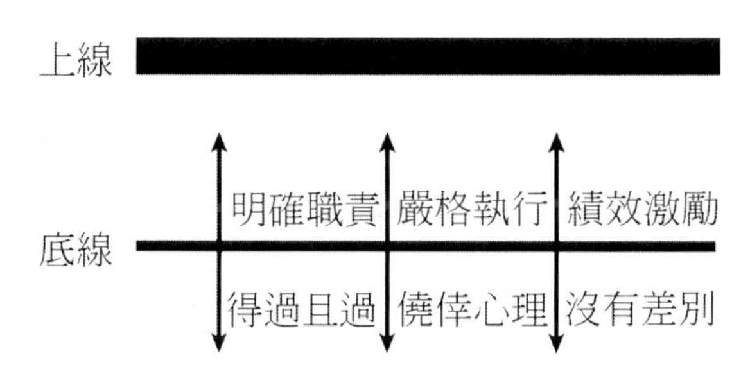

圖 2-5　底線的重力與推力

三大推力是解決員工沒有責任心的環境因素。作為管理者，我們還需要深入到員工的內心，管理員工的心態和信念，以徹底解決責任心問題。我們發現，得過且過、僥倖心理、沒有差別這三大重力的背後，都指向員工的一個共同心理，即託付心態。如何解決託付心態？我們的方法是幫助員工「建立自我」，杜絕員工「失去自我」的心態和行為。關於這兩個問題，我們將放在第九章進行闡述。

需要說明的是，不管是環境問題，還是員工心態問題，管理的問題都是管理者的問題。員工沒有責任心，責任在管理者。另外，管理的問題就是管理者存在的價值，管理者的核心任務就是建立員工的責任心，管理者必須擔負自己的職責。

2. 上線的重力與推力

每個人都希望明天過得比今天好。作為一個正常的人，有上進心是天然的，這也是人性向善、人心向上的一種自然願望。然而，為什麼有相當一部分員工，在企業工作時會止步於擁有責任心，而不再有上進心呢？這顯然是一個非常值得探討的話題。

上進心不同於責任心。責任心是堅守底線，上進心是力求上線，超越上線，追求更優的表現。所以，解決員工上進心的措施，需要不同於處理責任心的方式。

不過，對於如何解決上進心的問題，我們採取的思路與解決責任心的問題是完全一致的。也就是先分析員工為什麼會沒有上進心。根據我們的統計，原因主要有這樣三條：一是迴避風險，多做就會多犯錯，多一事不如少一事；二是缺少自信，願意多做，但是缺乏能將事情做好的信心，退縮的結果就是選擇不多做；三是沒有情緒，對自己有信心，也不怕犯錯，但是沒有熱情去做，也沒有動力去做。

因此，迴避風險、缺少自信、沒有情緒。被統稱為破壞上線的三大重力。在第五、第六以及第七章，我們會一條一條地進行分析。

如何解決員工的上進心問題？我們的具體措施是允許失敗、建立信心、引爆熱情。我們將它們統一稱為領導上線的三大推力，如圖 2-6 所示。

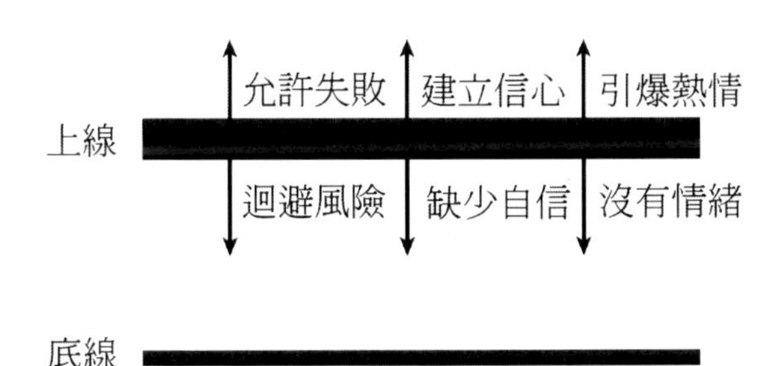

圖 2-6　上線的重力與推力

總體來講，我們不能容忍員工沒有責任心，但是我們必須容忍員工沒有上進心。責任心要靠管理，上進心則要靠領導。管理是強制性的，領導是激發性的，兩者完全不同。具體的方法，我們在分析原因之後再進行闡述。

三大推力是解決員工沒有上進心的外部因素。透過深入的分析我們會發現，迴避風險、缺少自信、沒有情緒這三大重力的背後，都反應了員工的一個共同心理，即打工心態。如何解決員工的打工心態？我們的方法是幫助員工「建立大我」，關鍵是建立員工的「身分」。關於這兩個問題，我們將放在第九章再進行闡述。

人性管理理論參考

下面簡單介紹幾個影響力比較大的人性管理理論，以便讀者有興趣可以進一步地了解，同時，也方便讀者將「雙線法則」與這些理論做一個簡單的比較，加深對「雙線法則」的理解。不難看出，「雙線法則」對人性的判斷採取了一種更綜合的觀點，底線與上線的管理原則，可行性更強，在實際工作中具有更好的指導意義。

1.X 理論和 Y 理論（Theory X and Theory Y）

（1）X 理論的人性假設

人生來就是懶惰的，只要可能就會逃避工作。

人生來就缺乏進取心，不願承擔責任，寧願聽從指揮。

人天生就以自我為中心，漠視組織需要。

人習慣於守舊，本性就反對變革。

只有極少數人才具有解決組織問題所需要的想像力和創造力。

人缺乏理性，容易受外界的影響。

(2) X 理論的管理要點

管理者以經濟為目的 —— 獲得利潤為出發點，組織人、財、物等生產要素。管理是一個指揮他人工作、控制他人的活動、調整他人的行為以滿足組織需要的過程。

管理的手段或者是獎懲，嚴格的管理制度，權威、嚴密的控制體系，或者是採用鬆弛的管理方法，寬容和滿足人的各種要求，求得相安無事。

(3) 對 X 理論的批判

X 理論對人性的假設是錯誤的。這些假設不是人的先天本性，而是工業組織的性質、管理哲學、政策和措施的後果。傳統的 X 理論是建立在錯誤的因果概念的基礎之上的。

(4) Y 理論的人性假設要求工作是人的本性。

在適當條件下，人們不但願意，而且能夠主動承擔責任。

個人追求滿足欲望的需要與組織需要沒有矛盾。

人對於自己新參與的工作目標，能實行自我指揮與自我控制。

大多數人都具有解決組織問題的豐富想像力和創造力。

（5）Y 理論的管理要點

管理要透過有效地綜合運用人、財、物等生產要素來實現企業的各種目標。

把人安排到具有吸引力和富有意義的職位上工作。

重視人的基本特徵和基本需求，鼓勵人們參與自身目標和組織目標的制定。

把責任最大限度地交給工作者。

要用信任取代監督，以啟發與誘導代替命令與服從。

總之，管理過程主要是一個創造機會、挖掘潛力、排除障礙、鼓勵發展的幫助引導的過程，要注重以下幾點：分權和授權，工作擴大化，參與式和協商式的管理以及員工績效的自我批判。

道格拉斯・麥格雷戈（Douglas McGregor，1906～1964年）是美國著名的行為科學家，他對當時流行的傳統的管理觀點和對人的特性的看法提出了疑問。其後，在 1957 年 11 月的美國《管理評論》（*Management Review*）雜誌上發表了《企業的人性面》（*The Human Side of Enterprise*）一文，提出了有名的「X 理論和 Y 理論」，該文 1960 年以書的形式出版。

對 X 理論和 Y 理論的概括，是麥格雷戈在學術上最重要的貢獻。面對紛繁蕪雜的管理界，麥格雷戈一針見血地指出，每個管理決策和管理措施的背後，都有一種人性假設，這些假設影響乃至決定著管理決策和措施的制定以及效果。

2.Z 理論（Theory Z）

日本學者威廉·大內（William Ouchi）在比較了日本企業和美國企業的不同的管理特點之後，參照 X 理論和 Y 理論，提出了 Z 理論，將日本的企業文化管理加以歸納。Z 理論強調管理中的文化特性，主要由信任、微妙性和親密性所組成。根據這種理論，管理者要對員工表示信任，而信任可以激勵員工以真誠的態度對待企業、對待同事，為企業而忠心耿耿地工作；微妙性是指企業對員工的不同個性的了解，以便根據各自的個性和特長組成最佳搭檔或團隊，提高勞動率；親密性強調個人感情的作用，提倡在員工之間應建立一種親密和諧的夥伴關係，為了企業的目標而共同努力。

X 理論和 Y 理論基本回答了員工管理的基本原則問題，Z 理論將東方國度中的人文感情揉進了管理理論。我們可以將 Z 理論看作是對 X 理論和 Y 理論的一種補充和完善，在員工管理中根據企業的實際狀況靈活掌握制度與人性、管制與自覺之間的關係，因地制宜地實施最符合企業利益和員工利益的管理方法。

威廉·大內是日裔美國管理學家，加州州立大學管理學教授，獲得史丹佛大學企業管理碩士、芝加哥大學企業管理博士，擔任數家《財星》(*Fortune*) 500 強企業的顧問。大內從 1973 年開始專門研究日本企業管理，經過調查比較日美兩國管理的經驗，提出了「Z 理論」。《Z 理論》(*Theory Z*) 出版後，立即得到各國管理界和管理學者的注意，引起了廣泛的重視，成為暢銷書，並產生了深遠的影響。

3. 超 Y 理論 (Beyond Y theory)

超 Y 理論是 1970 年由美國管理心理學家約翰·莫爾斯 (John J.Morse) 和傑伊·洛希 (J.W.Lorsch) 根據「複雜人」(complex man) 的假定，提出的一種新的管理理論。它主要公布於 1970 年《哈佛商業評論》(*Harvard Business Review*) 雜誌上發表的《超 Y 理論》(*Beyond Y theory*) 一文和 1974 年出版的《組織及其他成員：權變法》一書中。該理論認為，沒有一成不變的、普遍適用的、最佳的管理方式，必需根據組織內外環境自變數和管理思想及管理技術等因變數之間的函式關係，靈活地採取相應的管理措施，管理方式要適合於工作性質、成員素養等。超 Y 理論是在對 X 理論和 Y 理論進行實驗分析比較後，提出一種既結合 X 理論和 Y 理論，又不同於 X 理論和 Y 理論，是一種主張權宜應變的經營管理理論，實質上是要求將工作、組織、個人和環境等因素做最佳的配合。

4. 雙因素理論（Two-factor theory）

雙因素理論（Two-factor theory），又稱激勵保健理論（Motivation-Hygiene Theory），是美國的行為科學家弗里德里克．赫茲伯格（Frederick Herzberg）提出的。雙因素激勵理論是赫茲伯格最主要的成就，最初發表於 1959 年出版的《工作的激勵因素》（*The Motivation to Work*）一書，在 1966 年出版的《工作與人性》（*Work and the Nature of Man*）一書中對 1959 年的論點從心理學角度做了理論上的探討和闡發。1968 年，他在《哈佛商業評論》（1 ～ 2 月）上發表了《再論如何激勵職工》（*One More Time: How Do You Motivate Employees?*）一文，從管理學角度再次探討了該理論的內容。

雙因素理論認為引起人們工作動機的因素主要有兩

個，一是保健因素或維持因素，二是激勵因素。赫茲伯格認為，只有激勵因素才能夠給人們帶來滿意感，而保健因素只能消除人們的不滿，但不會帶來滿意感。

赫茲伯格認為保健因素有薪酬福利、個人地位、管理風格、工作安全、人際關係、工作環境和企業政策等。

赫茲伯格認為激勵因素有工作內容、工作責任、業績肯定、晉升機會、事業發展、工作成就和社會價值等。

第三章
沒有責任，哪來什麼責任心

五臺山上有一種鳥，叫寒號鳥，牠生有肉翅，但不能飛翔。每當夏季來臨時，寒號鳥就渾身長滿色彩斑斕的羽毛，牠便得意地唱：「鳳凰不如我！鳳凰不如我！」牠每天都唱著，卻不知道建窩。等到深冬來臨的時候，牠雖然很冷，但還是不建窩，漂亮的羽毛也全部脫落了。當寒風襲來的時候，這光禿禿的肉鳥，無可奈何地哀鳴：「得過且過！得過且過！」

三種混日子的心態

早晨的鬧鐘響了好多次，小劉才從床上掙扎起來，一天的工作就這樣開始了。早餐還沒來得及上吃，小劉便匆匆忙忙地趕往公司。還好沒有遲到，於是睡意朦朧地坐在會議室，聽主管安排工作。

上午，小劉被安排拜訪客戶，但出去時卻忘了帶客戶需要的資料，結果遭到拒絕和冰冷的待遇，一筆訂單被他搞砸了。不過，回來的路上他已經找好了理由，反正原因不能是我。下午，小劉回到公司，懶懶地坐在辦公桌前，給客戶打電話，心裡卻想著下班去哪裡消遣，晚飯吃些什麼。好不容易熬到下班，小劉胡亂地在工作日誌上寫上幾筆，便飛奔出公司。就這樣，小劉一天的工作結束了。

一年 365 天，小劉就這樣做一天和尚撞一天鐘。他從不花時間學習，不認真研究公司和競爭對手的產品，也從不去想在銷售產品過程中有哪些經驗和教訓，顧客為什麼會拒絕？

到了月底結算薪資，怎麼這麼少？真沒意思，看來該換地方了，於是小劉非常乾脆地炒了老闆的魷魚。兩年下來，他換了五六家公司。日復一日，年復一年，時間就這樣流逝了。結果是一事無成，一無所獲、一窮二白。

職場上有相當一部分人是「做一天和尚撞一天鐘」，抱著得過且過的心態做事。得過且過，就是混日子。因為責任不明確，所以也就沒有責任心，混得下去就先混著，混不下去再說。責任不明確，工作沒什麼壓力，惰性就越足，日子就越好混。總結下來，員工的得過且過有三種狀態。

1. 如魚得水

一個人的行為，不是來自外部的壓力，就是來自內部的動力。職責不清，沒有了外部的壓力，可憐的責任心就只有依靠內心的動力來推動。不過事實上，有一類員工本身就沒有什麼動力，抱著一種大樹底下好乘涼的心態在混日子。他們的想法是：自己當老闆太累，在別的企業工作太苦，這個企業還不錯，薪資不差，福利不錯，我的要求也不高，工作體面，拿得出手，也要知足。

濫竽充數的南郭先生大家都知道。仔細想想，發現一個問題，為什麼南郭先生混了兩年，也沒想著要去學吹竽？可見南郭先生自己還真沒什麼動力，典型得過且過心態。動力每人不同，壓力確實每個人都要有。從管理的角度來看，有責任才有責任心。企業管理必須要給予每位員工適度的壓力。

2. 騎驢找馬

還有一類員工是有動力的，他們有個人抱負，也願意實現自己的人生價值。但對當前的這份工作沒什麼興趣，僅把它當成一個暫時的安排，抱著一種過客的心態在混。現在有一種普遍的現象，相當一批員工對現狀不滿，要不在騎驢找馬，要不在積蓄實力，等待機會。職責不明確，正好為這樣一類員工提供了棲息的場所。企業成為「軍營」，一批人來，一批人走，走馬換燈，不停地在徵人和送人。

3. 痛苦徬徨

還有這樣一類員工，他們願意為企業的發展施展才華，但職責不清讓他們不知道該擔負什麼責任，對混亂的責任也抱有一種恐懼心理，不敢貿然行事。多一事不如少一事的心理讓他退而求其次，得過且過、明哲保身成為其最自然的選擇。這類員工，得過且過並不是他們的願望，在現實面前又深感無力，內心也很苦悶。長久下來，他們不是變得麻木以逃避痛苦，就是選擇離開以尋求解脫痛苦。無論哪一種選擇，這類員工的流失，對企業都是一種損失。

職責不清，讓員工對自己得過且過的行為覺得合情合理。處於這種狀態的員工，是想有責任心就有責任心，不想有責任心就可以沒有責任心，一切按照自己的喜好或是情緒來做事，企業管理實際上是處於一種失控的狀態。而且，得過且過就像瘟疫具有極強的傳染力。一旦得過且過在企業流行，就會影響一大批員工，企業就逐漸喪失了原有的工作氛圍。

對有些員工來說，他們不僅覺得得過且過是合情合理的，甚至還覺得是合規合法的。為什麼員工總有理由推脫責任？為什麼員工能夠理直氣壯的說這不是我的責任？原因就是責任不清，為不負責任提供了最合理的理由，為推脫責任提供了充足的空間。

從對人負責到對事負責

職責是職位存在的價值。職是職位要做什麼，通常講是職務。責是要做到什麼程度，達到什麼結果，通常講的是責任。職是過程或行為，責是結果。有過程有行為才可以保證出結果，只有結果才能創造價值。

員工都需要肩負職位職責。對於職責，沒有做，就是失職；做了，沒有達到目標，就是失責。如果失職失責，管理者就要問職問責。從管理的角度來看，明確職責，需要做到清晰的分工和明確的考核。有責任才有責任心，明確職責是建立員工責任心的起點。杜絕得過且過的心態和行為，出路只有一條，那就是首先要明確劃分職責。

中小企業大多屬於草根企業。這些企業必須以市場為導向，才能求得生存和發展。市場的瞬息萬變，嚴酷的競爭環境，需要企業具備極強的適應性。於是，靈活、多變就成為企業的生存基因，也往往成為企業的競爭優勢來源。這樣一種生存本能，導致企業在創業期和發展期，重視市場而忽略管理，企業內部「人管人，對人負責」的現象非常突出。

我們不難看到，管理不善的企業，在組織上都會出現以下四種常見的現象。

現象一，部門之間、職位之間的職責與權限缺乏明確的界定，推諉塞責的現象不斷發生；有的部門抱怨事情太多，人手不夠，不能按時、按質、按量完成任務；有的部門又覺得人員冗雜，人浮於事，效率低下。

現象二，招募要求含糊，招募主管往往無法準確理解，使得找來的人大多差強人意。同時，許多職位往往不能做到人事匹配，員工的能力不能得以充分發揮，嚴重挫傷了士氣，並影響了工作的效果。

現象三，員工的晉升以前由老闆直接做出。企業規模大了，老闆幾乎沒有時間與基層員工和部門主管打交道，基層員工和部門主管的晉升只能根據部門經理的意見。而在晉升中，上級和下屬之間的私人感情成為了決定性的因素，有才幹的人往往卻並不能獲得升遷機會。因此，許多優秀的員工由於看不到自己未來的前途而另謀高就。

現象四，在激勵機制方面，企業缺乏科學的績效考核和薪酬制度，考核中的主觀性和隨意性非常嚴重，員工的報酬不能展現其價值與能力，人力資源部經常可以聽到大家對薪酬的抱怨和不滿，這也是人才流失的重要原因。

出現以上這些現象，基本的原因是，隨著企業的發展，大多數老闆或管理者依然擺脫不了「人管人」的所謂靈活性觀念。於是，許多企業有意無意地避免乃至踐踏職責清晰化。因為，一旦人員職責劃分清晰，員工將對自身的職責負責，而不再對管理者負責。這樣，對管理者的管理技能和人員調配就提出了更高的要求，許多老闆和管理者自己本身就不能適應這種情況的變化。然而，職責的不清晰，導致老闆和管理者有了靈活性，員工則失去了責任心。所以，企業走向規範化，老闆和管理者首先自己要轉變思路，放棄過多的靈活性要求；其次要提高自身的管理技能，與企業的發展並進。

共同責任和交叉責任是明確職責的天敵。在明確職責面前，沒有共同的責任，也不能有交叉的責任。共同責任，為選擇退縮，為選擇多一事不如少一事，為選擇所謂的低調，為選擇搭便車，提供了最好的遮掩。群體無意識的責任迴避心理，讓交叉責任成為推脫責任者最冠冕堂皇的藉口。

所謂的集體主義意識，讓共同責任和交叉責任總有看似合情合理的理由。所謂重要的工作由大家做，完成工作才能有保障，這其實是領導者一廂情願的想法。因為在員

工看來，大家做就是別人做，別人做就是我可以不做。在共同責任和交叉責任面前，員工就會相互看，行動停滯不前，事情懸而不決。

一位法國工程師曾經設計了一個拔河實驗，結果引人深思。實驗是這樣的：將被測試者分成一人組、二人組、三人組和八人組，要求各組用盡全力拔河，同時用靈敏的測力器分別測量其拉力。結果發現，二人組的拉力只是單獨拔河時二人拉力總和的 95%；三人組的拉力只是單獨拔河時三人拉力總和的 85%；而八人組的拉力則降到單獨拔河時八人拉力總和的 49%。

「拔河實驗」出現 1 ＋ 1 ＜ 2 的情況，證明在集體拔河時，有人沒有竭盡全力，人數越多，平均每個人使出的力量就越小。這說明人有與生俱來的惰性，一個人時，就竭盡全力；到了一個集體，責任就會被悄然分解。社會心理學家研究認為，這是集體工作時存在的一個普遍特徵，並概括為「社會浪費」。

這說明，員工的責任需要得到明確，結果需要得到衡量。職責越具體，混日子的人就越少，人的能力也能得到充分發揮。這樣，既能人盡其才，最大限度地發揮人力資源的價值，又可最大限度地減少「社會浪費」。

明確劃分職位要做什麼事

小毛明天就要參加小學畢業典禮了。

爸爸在辦公室心想：小毛怎麼也得打扮得正式點，留下這最美好的記憶。於是直接就去童裝店給小毛買了條新褲子，小毛回家一試，爸爸發現褲子長了一吋。

吃晚飯的時候，趁奶奶、媽媽和大嫂都在場，爸爸說了褲子長了一吋的事情，飯桌上大家都沒說什麼，又聊起別的事，這件事就過去了。

媽媽比較晚睡，臨睡前想起兒子的褲子還長一吋。於是就悄悄地一個人把褲子剪好，又放回了原處。

半夜裡，大嫂猛然驚醒，想到小毛的褲子還長一吋。於是披衣起床，將褲子弄好才安然入睡。

老奶奶比較早起，想起今天是孫子的大日子，褲子還沒弄好，於是將褲子又剪短了一吋。

最後，新褲子短了兩吋。小毛不能穿新褲子參加畢業典禮、拍畢業照了。故事是虛構的，但來源於事實。一個團隊，一個企業，員工僅有良好的願望和熱情是完全不夠的，還需要有明確的規則來分工和合作。團隊合作需要默契，但這種習慣是靠日積月累達成的。在合作初期，還需

要用明確的規則來引導形成做事的素養。沒有規則，不成方圓，各自為政的做法，會將好心引向災難的結果。

工作職責按性質可以劃分為例行性工作和例外性工作。

例行性工作：指職位日復一日需要不斷重複的工作，這類工作一般都可以透過文件的形式給予明確規定。

例外性工作：指職位的臨時任務性工作，比如突發事件的處理、主管臨時交代的任務和階段性專案工作等。有些職位的工作主要以專案為主，專案是常態，一個專案結束，另一個專案開始，這樣執行專案就是例行性工作，而不是階段性工作。

根據經驗，例行性工作需要占據大部分的職位工作時間，不過職位越高，占據的時間越小。一般來講，高層人員至少應該占據60%以上工作時間，中層人員為80%以上，基層人員為90%以上。如果例行性工作占據的時間比例過小，則必須在職責界定和工作安排上進行優化，對工作職責進行重新的設計，以將例外工作例行化。

工作例行化的好處在於可以建立工作規範，讓經常必須處理的事情有章可循，減少溝通協調的時間，提高工作的效率，降低成本。所以，例行性工作必須占據企業工作人員的大部分時間。管理好的企業波瀾不驚，員工忙中有序，在自動中完成絕大多數的事情，主管不需要進行過多的指導和干預。奇異公司（General Electric Company，簡稱GE）前董事長傑克・威爾許（Jack Welch）曾說過「所謂管理越少，公司越好」，說的就是這個意思。

另外，工作例行化的壞處在於時間長了，企業就會僵化，一切循規蹈矩，難於應對變化。所以，每過一段時間，企業就需要重新審視自己的運作，發現需要改進和提升的地方。這種改進和提升，一般來講，可以是區域性的，以提高效率為目的；也可以是整體的，以策略變更為牽引，以滿足乃至超越客戶價值的需要為導向，進行重大的調整。

根據我們對企業的了解，許多企業的職責劃分和制定並不清晰。儘管許多企業都有部門職能說明書、職位責任書、作業流程等，但並不能清晰合理地劃分職責，準確簡單地定義職責，職位責任書就形同虛設，對管理不能產生實際的幫助。這種現象頗為廣泛，原因在於企業制定這些文件缺少一些基本的方法。

明確職責主要是明確例行性的工作。一般來講，需要對所有的責任進行分析和拆解，將細化和明確化的責任明確劃分到人頭，只有透過一對一的鎖定，責任才算明確。職責不清，90%的問題是出在工作的配合環節。我們可以透過流程分析，仔細研究這些容易產生問題的環節，分析不同職位在此環節中扮演的角色，需要擔負的工作，並透過流程文件的形式給予清晰的界定和規範。

劃分清楚職責，還需要對職責進行準確簡單的定義，制定職位職務說明書是下一步的工作。制定職位職務說明書需要遵循一定的規範，專業的人力資源諮商公司往往在這一塊投入大量的精力，規定各種條目，製作盡善盡美的文件。其實有些工作完全沒有必要。企業制定職務說明書只要能滿足基本的工作要求即可。制定過多的文件，完全是一種負擔。根據我的經驗，這些「大塊頭」的文檔，基本沒人會仔細看。投入很多，產出很少。而且，過多的條目容易讓使用者迷失了重點，形式上的完善，往往掩蓋了關鍵問題的缺失。這樣會看起來很好，用起來卻很遺憾。

職務說明書一般有以下這些條目：職位名稱、督導關係、使命陳述、職責說明、任職要求、職位授權等。在條件不成熟時，可以大膽地去除能力素養、工作接觸、工作條件、工作流程等。在有其他文檔時，也可以大膽地去除組織架構圖、下屬彙報關係等，免去不必要的筆墨。

確立做事要達到的結果

一戶人家養了一條狗和一隻貓，狗是勤快的。每天，當主人家中無人時，狗便豎起兩隻耳朵，虎視眈眈地巡視主人家的周圍，哪怕有一點點的動靜，狗也要狂吠著疾奔過去，就像一名恪盡職守的警察，兢兢業業地為主人家做著看家護院的工作。每當主人家有人時，牠的精神便稍稍放鬆了，有時還會伏地沉睡。於是，在女主人家每一個人的眼裡，這隻狗都是懶惰的，極不稱職的，常常沒有餵飽牠，更別提獎賞牠好吃的了。

貓是懶惰的。每當家中無人時，便伏地大睡，哪怕三五成群的老鼠在主人家中肆虐。睡飽了，就到處散散步，活動活動筋骨。等主人家中有人時，牠的精神也養好了，這裡看看那裡望望，也像一名恪盡職守的警察，時不時地，牠還要去舔舔主人的腳，逗逗主人開心。在主人的眼中，這無疑是一隻極勤快、極盡職守的貓。好吃的自然給了牠。

由於貓的不盡職守，主人家的老鼠越來越多。終於有一天，老鼠將主人家唯一值錢的家當咬壞了。主人震怒了，他召集家人說：「你們看看，我們家的貓這樣勤快，老鼠都猖狂到了這種地步，我認為一個重要的原因就是那

隻懶狗，牠整天睡覺也不幫貓捉幾隻老鼠。我鄭重宣布，將狗趕出家門，再養一隻貓。大家意見如何？」家人紛紛附和說：「這隻狗真的很懶，每天只知道睡覺，你看貓，每天多勤快，抓老鼠吃得多胖，都快走不動了，是該將狗趕走，再養一隻貓。」

於是，狗被一步三回頭地趕出了家門。牠始終也不明白趕它走的原因，牠只看到那隻肥貓在牠身後竊竊地笑。仔細留意一下工作和生活，這樣的事情絕不止一個。

工作職責只是規定做什麼，沒有規定做到什麼程度，達到什麼結果。所以，明確區分了職責還需要明確區分工作的結果。一般來講，每個職位都需要有兩份基本的文件，一是職位的職務說明書，二是職位的績效合約。職位績效合約適用於確保工作要達到的目標以及如何進行考核。

員工的價值創造原理是這樣的，態度是投入，行為是轉化，結果是產出。態度是員工對待工作的基本意願，態度不能創造價值。行為是一系列的活動，是擔負職責、完成任務需採取的一系列動作，也不能創造價值。有態度不一定有行為，有行為不一定有結果。態度和行為，都是產生結果的過程，都不是結果，態度與結果的距離更遠。只有實現需要的結果，才能產生價值。所以，職位績效考核應該將重點放在考核結果，關注過程。

企業出色的經營業績是每一個員工「結果」的匯聚。員工對結果負責就是對工作價值的負責。要保證企業多產出高品質的「結果」，管理上就要鎖定「結果」這個目標，而這其中最基本的要求就是鎖定每個員工的結果。這種管理思想的核心是：管理者不再去過多關心員工的工作態度如何？工作的過程如何？凡事都做到責任到人，人人都管事，事事有人管。這樣才能保證企業實現它的最終目標。

在現實中，我們往往陷入一種失誤，管理看態度，而不是重結果。我的公司曾經發生了這樣一件事情。公司的大型培訓活動需要趕印一批公司的方案手冊，原稿是公司提供的，由印刷廠負責樣式設計和排版。印刷廠的樣稿已經有了，不過需要馬上進行校對，以便付印。員工小羅自告奮勇，利用星期天的休息時間負責了校對。這樣，方案手冊終於按時完工。但是交付後發現，方案內容有幾處關鍵的錯誤。結果只好重新印刷方案手冊。因為加急和重印，公司為此多付了五千元。

事情雖然解決了，不過問題就來了。這件事情應該如何處理？小羅好心做錯事，應該是被罰還是不被罰？這真是兩難的境地：如果不罰小羅，會讓員工對責任失去了尊重，以後的工作很難收穫需要的結果，還可能製造更多不

負責任的假好心，導致更大的損失；如果罰小羅則讓「好心」不得「好報」，打擊了員工的積極性和主動性。

結論是應該處罰小羅。從管理的角度來看，必須樹立以結果為導向的價值觀。如果不處罰小羅，公司的責任管理就會被破壞，長此以往，公司內將沒人重視結果。從個人的角度來看，在清晰的事實面前，只有勇於承擔責任，證明自己是有責任心的人，公司下次才能給予更多的機會，讓他鍛鍊和成長。

在任何企業，管理者都應該向員工傳達這樣的人才理念，建立這樣的機制，即個人價值的提升與個人能力的提升是同步的。管理者需要讓有潛力的員工知道這樣的道理，即使用就是培養，機會需要珍惜。給予機會，就是給予培養；給予更多的責任，就是淬鍊更多的能力。一個有上進心的員工自然明白這個道理，並不會因為這次的處罰而消極。下次依然會積極，而且會更珍惜每一次機會，不能再辜負了期望。

在現實中，我們還會陷入另一種失誤：認為擔負職責、完成任務的行為就是結果。如果責任是挖井，結果就是挖井並且有水出來，而不是採取了挖井的行動，或僅僅挖了一個坑。曾經在我的公司出現這樣一幕。某業務人員一直追蹤某客戶的需求，在晨會上，業務經理詢問客戶的追蹤情況，此業務人員回答：「老闆，該說的話我都說了，客戶一直在拖，我也沒有辦法……」言外之意，沒有結果不是我的責任，在困難面前，只能一籌莫展。

但是客戶沒有下單，這位業務員的工作做了，而沒有產出，就是沒有結果。「該說的話我都說了」，只是機械地完成了任務，而沒有真正用心去對待客戶。如果工作再用心一些，那麼就會知道：客戶有什麼回饋？客戶有什麼疑慮？客戶有什麼要求？客戶還需要什麼服務？對這些問題，這位業務員，有沒有深入的了解呢？了解後，又有沒有考慮如何解決呢？其實，這位業務員，缺少的不是解決問題的方法，缺乏的是對結果負責的責任心。

企業中往往存在大量的這種說辭：我已經按照您說的做了，我已經盡最大努力了，我該做的都做了……這些都不是對結果負責的心態。完成任務，完成職責，採取了行動，只是對程序和過程負責，獲得結果才是對價值和目的負責。

對員工來講，劃分職責是負責和盡責的前提。如果一位員工連自己的職責都不清楚，做起工作來必然是盲目被動的，到頭來費了九牛二虎之力也徒勞無功。一些人之所以忙亂，或做不出業績，一個重要原因就是對自己職位職責內容和要領掌握不清，對自己的角色應承擔的職責沒有

概念，沒有按職位分工、職責要求做事。

將「雙線法則」的思維用到職責管理，員工做好自己的本職工作就是負責，在自己本職工作做好的基礎之上，才能考慮本職工作之外的事情，不能「種了別人的田，荒了自己的地」，更不能做些不該做而又無用的事。企業管理是「一個蘿蔔一個坑」，員工不能因為幫助了別人，就有了自己工作沒做好的理由，不能因為盡責，就可以原諒自己的失責。只有首先明白自己的職責所在，才能知道自己努力的方向。

第四章
有責任，不是就有責任心

企業中一直都在流傳這樣一個故事。有家大型國有企業因為經營不善而破產，後來被日本一家財團收購。廠裡的員工都在翹首盼望日本企業能帶來一些先進的管理方法。出乎意料的是，日本企業只派了幾個人來，除了財務、管理、技術等關鍵部門的高階管理人員換成了日本企業派出的人員外，其他的根本沒有任何變動，制度沒變，人員沒變，機器設備沒變。日方只有一個要求，把以前制定的制度和標準堅定不移地執行下去。結果不到一年，企業就轉虧為盈了。

僥倖心理是毒癮和瘟疫

臨近春節，某五星級飯店生意非常好，住了許多客人，清理客房的需求也特別多，實習生小王連續上了幾個夜班，感到很疲憊。小王又清理了幾間客房，這時已是凌晨一點多了，樓層內很安靜，客人們都進入甜蜜的夢鄉。小王伸了幾個懶腰，又連續打了幾個哈欠，心想：「經理四五天都沒來查房，不會這個時候就來吧。」看看四周無人，小王便開啟一間空房，走了進去，坐在了沙發上，心想就休息幾分鐘吧。剛開始，小王還想控制自己的睡意，過了一會兒，就不由自主地倒下睡著了。不久後小王被查

房的經理叫醒，不禁大驚，後悔不已。作為實習生，小王工作一向很努力。但是這一次的事情，讓小王的轉正化為泡影。

飯店管理都有嚴格的制度。上班時私開客房，在房內睡覺，是嚴重的違規。從表面上看來，小王違規似乎是疲勞的原因。其實不然，小王違規的根本原因是「經理不可能查房」的僥倖心理在作怪，認為有漏洞可鑽。這樣一鬆懈，睡意馬上戰勝意志。從坐下到躺下，再到酣然入睡，一發不可收拾。

僥倖心理的言外之意是:沒有責任心不會有什麼不好？破壞制度也沒有什麼不行！僥倖心理也是一種投機心理，不過是用自己的信譽甚至未來做冒險。

我們再來看看，這場大火發生在多年前，但目前看來，仍然覺得很有意義。

多年前某間商場大樓發生了大火，造成 54 人死亡、70 餘人受傷，財物損失難以估量，對社會的負面影響更是難以用數字來形容。導致這場大火的原因是什麼呢？

事後查明原因有三：

一是有一名員工將抽剩的菸頭丟在倉庫地上，在並未確認菸頭是否被踩滅的情況下離開了倉庫。菸頭引燃倉庫內的可燃物後，引發火災。

二是火災發生當天，該商場保全違反規定，值班期間擅自離開消防監控室，延誤了報警時機，又未能及時有效通知並引導人員疏散，致使商場內的部分人員沒能及時逃生。

三是在此之前，消防局曾就火災隱患向該商場下達了消防安全限期改善通知。該商場卻沒有對隱患進行修正，也沒有對消防安全措施進行改善。導致倉庫著火後，火勢蔓延至商場其他樓層，造成重大人員傷亡及財產損失。

綜合分析以上三點，我們不難發現，以上三個方面的原因都是僥倖心理在作怪。結果，這些僥倖心理綜合在一起，一場大火不可避免。

第一是抽菸導致大火的員工事後懺悔：「我不小心把菸頭丟在倉庫裡，又沒有踩滅，造成了這樣的後果，我深感後悔。我後悔自己的消防安全意識太差，就這麼一個小菸頭，闖了這麼大的禍。如果世界上有後悔藥，即使是用我的命去換，也值得。」

第二是值班人員擅自離開崗位，是去做什麼了？顯然他們認為：「不可能離開一下就出事吧！」

第三是沒有及時改善火災隱患，這時許多人常認為：「急什麼，不見得這兩天就出事吧。」

防患火災是商場、餐廳、影院等人員密集區域的最重要的大事。人命關天，消防安全管理制度是底線，不容被破壞。這棟商辦大樓肯定是有這方面的制度規定的。這樣一場大火，就要反問該商辦大樓執行制度的兩個基本問題。

1. 制度有沒有在發現問題？

事故的出現，偶然中帶著必然。員工在倉庫抽菸，將菸頭丟在倉庫。這種行為應該不是第一次，而會是很多次。為什麼沒有被發現呢？值班人員擅自離開崗位肯定也不會是第一次，有沒有被發現呢？出現這麼多次的僥倖心理，這麼多人的僥倖心理，只能說明這棟商場的管理制度沒有得到執行。僥倖心理的普遍盛行，說明了這家商場的管理層在工作監察方面的瀆職。

2. 制度有沒有在制止問題的再次出現？

這位員工在倉庫抽菸，將菸頭丟在倉庫，這種行為或許被發現了。不過，發現後有沒有進行追查，追查後有沒有進行處罰？如果該商場將執行制度的獎罰措施確實執行，這位員工還會放心大膽地如此嗎？僥倖心理轉化為行為習慣，只能說明商場的制度執行已經形同虛設。日復一日，年復一年，出現這種事故不再是偶然，而是必然。

在沒有得到嚴格執行的制度面前。僥倖心理就像吸毒，在第一次的嘗試之後，就會上癮。那種竊喜和愉悅，還會感染周圍的人，讓僥倖心理像瘟疫一樣迅速蔓延開來。「上癮」的人數越來越多，讓僥倖心理成為了一種普遍心理。破壞制度的行為不是被理解為違法，而是變成吃虧。企業的制度早已置之度外。

僥倖心理還出現在濫用權力的領域。法國啟蒙思想家孟德斯鳩（Montesquieu）曾說：「權力使人腐化，絕對的權力使人絕對的腐化。」權力並不可怕，可怕的是權力不能受到監控。沒有得到監控的權利，可能造成的損失更大，只不過影響不像一場火災那樣如此明顯。

處罰什麼，才能避免什麼

執行制度的前提是不信任。制度執行不聽承諾，只看結果。

制度不會自動得到執行。制度要得到實行，一是要有嚴格的檢查，二是要有公開的處罰。嚴格檢查和公開處罰

的目的，是杜絕「沒責任心，沒有什麼不好」的這樣一種僥倖心理。

如上節所說，只有檢查，才能建立信任。人們不會做你所希望的，而是做你所檢查的。制度執行的理念是：檢查什麼，才能避免什麼，從而保證得到什麼。有效控制，一定要有對權力的監督檢查機制，以及對目標的檢查考核機制。如何檢查，首先要建立企業內部的權力分配體系，讓負責的不問責，問責的不負責。其次，要有制度的規定，制度規定如何檢查、誰來檢查、什麼時候進行定期的檢查以及會有什麼樣的不定期檢查。檢查不僅包括明查，還包括暗查和自查。總之，制度執行要遵循公開、公正、公平的原則。

處罰是管理的必要環節。沒有處罰，就失去公平。處罰遵循的是這樣一個公平原理：守職守責，不破壞底線，就不會損毀企業價值，對這種結果，不用獎勵，也不用處罰；失職失責，是破壞底線，損毀企業價值，這種結果就需要得到處罰。這就是公平，否則就是不公平。處罰必須公開，公開處罰的目的是達到警示作用。

執行沒有大小事之分，所有事情無論大小，所有人無論職位高低，只要是既定的規則，都要按制度執行。企業制度的執行，都是在一點一滴的堅持中得到實行。如果只建立制度而不能執行，那麼這個制度本身的威信就會蕩然無存。

一間大型企業內部有一條規定：不準在工作場合抽菸。這條規定看似簡單，執行起來卻大有難度。但是經過一件事後，這條規定在員工中得到了認真的貫徹。

員工黃某20多歲，既有學歷又有技術，在某一次企業合併中來到這間大公司任職。公司當時的領導團隊對這名員工非常器重，很快就讓他擔任了一個工廠的副主任。黃某在走向領導職位之後，更加積極肯做，表現優秀。但是，他有一個無法克服的習慣，那就是喜歡抽菸。為了執行工作場合不準抽菸的規定，他只能在午飯或下班後猛吸幾口，以解菸癮之苦。

一個偶然的機會，黃某發現工廠的樓梯轉角處可以作為抽菸的好去處，他個人認為這個地方不能算作工作場合。有一次，他又像往常一樣在這個地方點著了香菸，卻剛好被巡檢的公司副總經理看見。

很快，人力資源部就發出了公告。第一，免除黃某工廠副主任的職務；第二，罰款；第三，全廠公示。公告張貼之後，在整個工廠引起了巨大的回響，部分員工認為公司的管理方式太過強硬，採取的懲罰過於嚴重。但是，在

這件事之後，這間公司再沒有人在工作場合抽菸了。

我曾在聯想集團工作。聯想從 20 多年前的默默無聞到今天的龍頭企業，這樣的成就並非偶然，而是主要取決於兩大基本因素：第一點是聯想的領路人柳傳志的策略意識；第二點是聯想強大的組織能力。聯想強大的組織能力主要是透過其制度的剛性來展現，這種剛性的制度可以克服知識分子創業隊伍的先天性弊端，將組織的制度落到實處。

聯想文化的第一個階段被稱作制度文化，即斯巴達方陣文化。所謂斯巴達方陣文化有兩個主要特點：強調集體的力量和制度的剛性。這種文化建立伊始，從聯想最高的 CEO 柳傳志到聯想的每一個基層員工，都在矢志不渝地遵守這種文化，貫徹這種文化。

以開會遲到為例，聯想規定：開會不準遲到，如果遲到的時間大於等於 5 分鐘，與會者就不用參加會議了；如果小於 5 分鐘，那麼遲幾分鐘就在門外站幾分鐘，然後再進來開會。正好有一天柳傳志遲到了，他遲到了大概 3、4 分鐘，於是，柳傳志按照規定站在門口，直到站夠了規定的時間才走進會議室。試想，連公司的最高的管理者都能以身作則，其他的員工又怎麼能不遵守制度呢？

海航集團公司董事長陳峰，有過一段難忘的軍旅生活，軍隊中的嚴格管理、絕對的執行力等優良軍風被他移植到現代企業管理中來。遇到違規的人和事，陳峰處理起來不留絲毫情面。

一個給員工和外界印象頗深的故事是：海航建立之初，兩名到美國接受培訓的飛行員回國時已是小除夕。兩名飛行員沒按規定先回公司報到，就直接回家過年了。結果立刻被開除了，看似不近人情。陳峰說：「公司的規矩建立不起來，會影響一大批人。懲少而教多，這是嚴厲，也是善良。」

海航還有這樣的規定：如果飛機在飛行過程中出現了事故，公司總裁立刻降為副總裁，飛行部總經理就地免職，飛行員改為搬運人員。陳峰說：「我不是為了懲罰而懲罰，而是教育，教育本人、教育大家。對所有人嚴格，出發點是為將來好，為事業好。」

「莫非定律」（Murphy's Law）與「帕金森定理」（Parkinson's law）、「彼得原理」（Peter Principle）一起被稱為 20 世紀西方文化中最傑出的三大發現。它是 1948 年由一名叫莫非的美國空軍上校工程師「發現」的。它的適用範圍非常廣泛，揭示了一種獨特的社會及自然現象。它的極端表述是：如果壞事有可能發生，不管這種可能性有多小，它總會發生，並造成最大可能的破壞。

莫非定律並不是一種強調人為錯誤的機率性定律，而是闡述了一種偶然中的必然性。莫非定律告訴我們，容易犯錯誤是人類與生俱來的，人永遠也不可能成為上帝，當你妄自尊大時，「莫非定律」會讓你知道後果；相反，如果你承認自己的無知，「莫非定律」會幫助你做得更嚴密些。

根據「莫非定律」，我們可以知道：

任何事都沒有表面看起來那麼簡單；

所有的事都會比你預計的時間長；

會出錯的事總會出錯；

如果你擔心某種情況發生，那麼它就更有可能發生。

回想到那間商場的火災，可以看出，當大多數人在工作中，因為懶惰、散漫，怕麻煩，喜歡拿「未必就這麼湊巧？」「壞結果不一定就會發生吧？」這樣的話來安慰自己的時候，「莫非定律」就在悄然發揮作用。

利之所在，實乃德之本源

有七個人曾經住在一起，靠每天的一大桶粥維持生命，可是粥每天都不夠喝。

一開始，他們抽籤決定誰來分粥，每天換一個人。於是每週，每個人只有一天是飽的，就是自己分粥的那一天。後來他們開始推選出一個道德高尚的人來分粥。於是腐敗就開始了，有人開始處心積慮地去討好他。這七個人又想了一個辦法，組成三人的分粥委員會，以及四人的評選委員會。但委員之間常常互相攻擊，拉扯下來，吃到嘴裡的粥全是涼的。

最後又想出來一個方法：輪流分粥，分粥的人要等其他人都挑完後，拿剩下的最後一碗。為了不讓自己吃到最少的，每個人當值分粥時都盡量分得平均，就算剩下的那一碗粥少一點，也只能是自己認了。從此以後，大家快快樂樂、和和氣氣地生活在一起，日子越過越好。

同樣是七個人，不同的分配機制，就會有不同的結局。一個單位如果有不好的工作風氣，一定是機制有問題，一定是沒有公開、公平、公正的獎罰機制。如何制定和實行這樣一個機制，是每個管理者都需要考慮的問題。

沒有差別的管理機制，會傷害員工的責任心。如果企業是這樣一種管理狀況，那麼在這家企業，員工就會無所謂有沒有責任心。

相對於道德的說教，制度比道德為更根本，也更可靠。在合理的制度下，不管每個人是趨利還是避害，在客

觀上都將造成社會利益的最大化。現代是法治社會，需要的就是這樣一種法律，企業管理同樣也需要這樣一種制度。這是唯一的選擇。

管理人，就不能違背人性。講功利，講實惠，是人性轉化的起點；講仁愛，講正義，是人性教化的期望。如果在一家企業，員工沒有責任心也沒有什麼壞處，有責任心也沒有什麼好處，那麼員工就會非常自然地沒有責任心。這就是人性。

如果大多數員工選擇不負責任，或者責任心不強，那問題就出在制度上而不是員工身上。沒有差別，吃大雜燴，就是否定個體。有責任心但不能得到認可，每個人就都會喪失責任心。

有的企業會說，我們的員工責任心差，是因為員工的素養差，員工的職業道德和修養與優秀的企業沒辦法比。於是寄託於應徵到優秀的人才，在應徵面試上下功夫。優秀的人才薪水高，於是企業還得提高薪酬福利水平，以吸引優秀人才的加入。

然而實際情況是，所謂優秀的人才來到了管理不善的企業，一樣會淪落為不負責任的員工。企業人力資源投入居高不下，企業的效率未見改善。這些企業只能感嘆：真正的好人才實在難找！其實，他們不知道，有效的管理才能引導形成需要的員工行為，薪酬換不來責任心，只有有差別的績效激勵才可以增強員工的責任心。

人都是一樣的人，為什麼在不同的企業，表現會截然不同，原因是企業內部的環境不一樣，也就是能夠實現差別的內部管理體系不同。要建立差別，首先必須明確劃分職責，否則不知道差別在哪裡；其次要訂出明確的目標，否則差別的量化管理就無法被實現。這就需要做好明確職責的工作。

認可和讚美也是激勵

某王爺手下有個著名的廚師，他的拿手好菜是烤鴨，深受王府裡的人喜愛，尤其是王爺更是倍加賞識他。

不過這個王爺從來沒有給予廚師任何讚美，使得廚師整天悶悶不樂。

有一天，王爺有客從遠方來，在家設宴招待貴賓，點了數道菜，其中一道是王爺最喜愛吃的烤鴨。廚師奉命行事，然而，當王爺夾了一隻鴨腿給客人時，卻找不到另一條鴨腿。

他便問身後的廚師說：「另一條鴨腿到哪裡去了？」

廚師說：「稟王爺，我們府裡養的鴨子都只有一條腿！」

王爺感到詫異，但礙於客人在場，不便問個究竟。

飯後，王爺便跟著廚師到鴨籠去查個究竟。時值夜晚，鴨子正在睡覺。每隻鴨子都只露出一條腿。

廚師指著鴨子說：「王爺你看，我們府裡的鴨子不是全部都只有一條腿嗎？」王爺聽後，便大聲拍手，吵醒鴨子，鴨子當場被驚醒，都站了起來。

王爺說：「鴨子不是都是兩條腿嗎？」

廚師說：「對！對！不過只有鼓掌拍手，才會有兩條腿呀！」

要使人們始終處於施展才幹的最佳狀態，最有效的方法就是表揚和獎勵，

沒有比受到上司批評更能扼殺員工積極性的了。在下屬情緒低落時，認可和讚美是非常重要的。身為管理者，需要在公眾場所認可和讚美優秀的員工，或贈送一些禮物給表現特別出色的下屬以資鼓勵，鼓勵他們繼續奮鬥。一點小投資，可換來數倍的業績，何樂而不為呢？

韓國某大型公司的一個清潔工，本來是一個最被人忽

視、最被人看不起的角色，但就是這樣一個人，卻在一天晚上公司保險箱遭竊時，與小偷進行了殊死的搏鬥。

事後，有人為他邀功並問他的動機，答案卻出人意料。他說，當公司的總經理從他身旁經過時，總會不時地讚美他「你掃的地真乾淨」。

就這麼一句簡簡單單的話，就使這個員工受到了感動，這也正合了一句老話「士為知己者死」。

美國著名女企業家瑪麗·凱（Mary Kay）曾說過：「世界上有兩件東西比金錢和性更為人們所需，那就是認可與讚美。」因為生活中的每一個人，都有自尊心和榮譽感。你對他們真誠的認可和讚美，就是對他價值的承認和重視。而能真誠讚美下屬的主管，能使員工們的心靈需求得到滿足，並能激發他們潛在的才能。因此，打動人最好的方式就是真誠的認可和善意的讚美。

有這樣一個例子。

張經理是一家公司的老員工，情人節那天，向公司請假與相戀 5 年的男友去登記結婚。第二天，張經理上班時，剛到公司門口就見到公司總經理手捧鮮花，同事們站成兩排，為她的新婚送上祝福。

這份驚喜讓她現在想起來還很開心，比幾萬元的獎金更讓她高興，「這會讓我感覺到自己在總經理心裡的分量，張小姐說。

「其實以我現在的實力，完全可以找到薪水更高的工作，但我喜歡這裡的工作，因為現在的老闆讓我更有成就感」，張小姐如是說。

在同等條件下，員工更希望在可以滿足個人成就感的環境下工作，有時這樣的需求甚至超過了薪酬的誘惑。

第五章
領導的本質是幫助員工成長

1970年代中期，在季辛吉 (Henry Kissinger) 擔任美國國務卿期間，每天都有很多的事情等著他處理。他的祕書自然也非常辛苦，常常是從早忙到晚，沒有絲毫的休息時間。

有一次，季辛吉讓祕書準備第二天的會議報告，一定要在明天開會之前交給他。但這位祕書因為忙碌，竟將季辛吉指派的工作忘得一乾二淨。

第二天開會，季辛吉向祕書要報告，這位祕書才意識到忘了大事，站在季辛吉面前，支支吾吾，不知所云，心想：「這次完了，肯定會被開除。」

等到季辛吉開完會，祕書進入他的辦公室，遞上了辭呈。季辛吉看後，非常吃驚，問道：「是因為今天報告的事嗎？不要一犯錯就辭職，如果所有人都這樣，那就只能待在家裡了，人總有犯錯的時候。」

季辛吉接著說道：「犯錯不要緊，關鍵是從中記取教訓，我允許我的部下犯錯，但是不允許犯同樣的錯。」這句話影響了這個祕書的一生，在以後的工作中，更加認真了。

寬容錯誤，允許失敗

缺乏寬容的管理，會讓員工陷入迴避風險的惡性循環，只能做到守責，而不能積極盡責。在面對一項任務

時，他們首先想到的不是尋找解決方案以取得完美的結果，而是首先考慮一旦失敗或出現問題之後的懲罰。

王經理正走過大廳，這時下屬小張迎面而來，小張打招呼道：「王經理，早安。哦，對了，向您報告一下，我們有個問題，不知道怎麼處理，情況是這樣的……您看怎麼辦？」這時，王經理會說「現在很忙，讓我考慮一下。」然後他就和小張各自分開了。

分析一下剛才發生的這一幕。他們兩個人在碰面之前，解決問題是誰的責任？小張的。不過小張巧妙地將自己的問題，變成了我們的問題。用「我們」代替「我」，這是下屬自覺或不自覺轉移責任的常用方法。兩人分開之後，解決問題是誰的責任？王經理的。

在這個過程中，小張成功地將王經理變成了自己的「下屬」，王經理也自動地站到了小張的「下屬」位置上。王經理做了兩件小張本應該做的事情：一是考慮如何處理這個問題，這原本是小張的責任；二是王經理還要向小張報告工作進度。而小張呢？這個時候已經成功地解除了責任，同時為了確保王經不會忘記幫他承擔責任，閒暇之餘還會追問王經理：「您考慮得怎麼樣了？」

在企業內部，員工的價值在於解決問題，而不是報告問題。遇到困難時，員工應該是積極想辦法，而不是成為不作為的理由。我們期望員工對待職責應該是這樣三種狀態。

第一種，如果決策超出了自己的職權範圍，那麼，不管自己對情況了不了解，自己對決策有沒有把握，都必須向上級請示，了解情況。可以多提一些自己的觀點和建議，但這並不能成為獨自決策的理由。企業管理必須要有秩序，不能亂了規矩。不能為了追求上線，而破壞了管理的底線。

曾經顯赫一時的美國安隆公司（Enron Corporation），就是因為亂了秩序而失敗的典型案例。當時的公司執行長傑弗里．史基林（Jeffrey Skilling），在掌管安隆期間，鼓勵員工盡量利用公司的有利條件，甚至可以在不報告頂頭上司的情況下，獨自採取行動。史基林的這種做法，不僅嚴重削弱了管理者的威信，也影響到了整個企業管理者的行為。在這種管理氛圍下，安隆迅速進入貿易、廣告甚至金融領域。漸漸地，擴張失去了控制，安隆成為了「一座用紙牌蓋成的房子」。一陣微風，就讓安然轟然倒塌。

第二種，如果決策在自己職權範圍內，自己又對決策有把握，則必須勇於擔當，自己決策了斷，而不是問主管應該怎麼辦。華為的任正飛有一句名言：

「越了解情況的，越有發言權。」一線員工對自己的工作無疑是最了解的，自己可以處理的就沒必要請示。那種「早請示，晚報告」的工作方式，不但延誤工作流程，而且容易養成員工的依賴性。

第三種，如果決策在自己職權的範圍內，但自己對決策沒有把握，可以諮商後再決策執行。不過，諮商的目的是聽取上級或同級的意見，讓自己的決策更加成熟，決策的責任還是由自己承擔的。諮商的方式，不是問主管「這件事情應該怎麼辦啊？」而是應該先拿出具體想法，再詢問對方的意見或建議。

小張這樣做是沒有職業修養的表現。不過，職業修養可以培養，道理也很簡單，員工是不難明白的。那麼，為什麼這種現象依然很常見呢？就是員工都有迴避風險的心理。

沒有經過訓練的人，當有人一拳向自己打來時，其本能必然是後退躲避。當員工意識到風險時，每個人的第一想法就是保護自己，守住職責的底線。在企業內部，推託責任、缺乏擔當等現象的背後，其實都有員工迴避風險的心理在作怪。風險意識越強的員工，迴避風險的驅動力越大。所以，有些員工「明知故犯」的原因大致就在此。

我曾經在一家企業做調查研究。這是一家產品創新型的高科技企業，董事長是技術出身，市場意識也很強烈，所以開發的系列產品領先同行，獲得了不錯的業績。企業的快速增長，帶來了規模的不斷擴大。這個時候，管理已然明顯跟不上企業的發展，對業務的支撐力明顯不足，董事長也意識到問題的所在。不過，管理不是董事長的強項，如何加強管理？如何進行管理創新？需要群體的智慧。意見不一致，方案不完美，實行上有差距，也是在所難免的。但是，董事長一如既往，以他的強勢對待出現的問題。大家認為，董事長高明，我們多做就會多錯，所以乾脆就不再發聲了。董事長於是集多種角色於一身，一個人操心，刻苦學習管理，凡事都親力親為。中層乃至高管的能力都被閒置，一切都被動地聽董事長的命令。董事長內心深處，其實是十分渴望精兵強將的追隨和分擔，但是他的這種風格卻將大家拒之門外。長此以往，企業發展的後勁著實不足。

每個人的一生，都在追求快樂，逃避痛苦。我們面對每一項事情的重大決策，都在是能帶來好處還是能帶來壞處間權衡。我們「自然而然」乃至「義無反顧」地選擇去做某些事情或不做某些事情，選擇去說某些話或是不說某些話，其實也都是為了達到這個目的。不寬容錯誤，不允許

失敗，將加強員工逃避痛苦的本能，讓我們追求快樂的本能消失得無影無蹤。

沒有失敗，就沒有創新

成功人士怎樣看待挫折：

這個世界要摧毀每一個人，之後，許多人在廢墟中日益堅強起來。

—— 海明威（Hemingway）

不犯錯的人通常也不會成就任何事情。

—— 菲爾普斯（Michael Phelps）

失敗是加在成功上面的調味劑。

—— 楚門・柯波帝（Truman Capote）

我從來不曾有過幸運，將來也永遠不指望幸運。我的最高原則是：不論對任何困難，都絕不屈服。

—— 瑪里・居禮（Marie Curie）

李宇豪是一位畢業五年的大學生，不像有些大學畢業生，總是夢想一夜暴富，不斷跳槽。李宇豪一直在一家企業工作，對待工作兢兢業業，逐漸成為了公司的業務骨幹。

這一次，他開發的一個新產品，在推向市場三個月後，便獲得了 2 千萬元的銷售額，他被提拔為研發專案經理，公司將他視為焦點培養對象。但是又一個新產品的開發，李宇豪負責的專案並沒有取得預計的成果，還給公司帶來了 300 萬元的損失。公司為此召開了一次研發部門的工作會議，公開檢討了李宇豪，還取消了他的年終獎金。李宇豪知道責任在自己，也對處罰沒有表示反對意見。但是此後，李宇豪的工作就一直沒有什麼起色。公司眼看著他一天天失去熱情，也想不出什麼辦法能夠讓他恢復到以前的狀態。

失敗並不能毀掉一個人，但不當的管理方式卻可以毀掉一個人。

記得十年前，我在摩托羅拉（Motorola）從事行動網路業務。當時，日本的行動網路服務領先其他國家很多年。但是，在以智慧型手機為核心的行動網路時代，我們驚奇地發現，其他公司在許多面向已經與日本處於同一起跑線，甚至超過了日本。

是什麼阻礙了日本行動網路的發展？曾有記者調查，得出的結論是：日本年輕人的創業熱情不足。深層次的原因是：日本社會不允許失敗，與此相連的，是日本企業根深蒂固的「終身僱傭制」。

在日本，一個人假如失敗，他會在社會中很難生存下去，不僅周圍的朋友看不起他，想找份工作非常困難，娶不到老婆，也無法通過銀行房貸的信用審核。而「終身僱傭制」，讓許多員工不願意辭職出來創業，因為辭職意味著你過去累積的所有資歷都一筆勾銷，一旦失敗後果非常嚴重。這樣的社會現狀，決定了年輕人在想去創業時，必然畏手畏腳。而在矽谷，許多創投（venture capital）都願意投資那些失敗過一兩次的企業，美國人認為有過失敗教訓的人下一次創業更容易成功。

池田信夫曾經在著名的《失去的 20 年》一書中提到，日本經濟長期停滯不前，一個最大原因就是日本沒能及時趕上 1980 年代的第三次工業革命。日本企業的經營模式和「第 2.5 次產業」，也就是知識密集型的製造業的需求非常匹配，卻不太適應資訊產業的需求。時至今日，整個日本經濟仍然是以先進製造業為核心的，豐田、索尼、松下、富士通、夏普、日本製鐵等製造企業是日本經濟的支柱，製造業在日本經濟中所占的比重要遠遠高於美國。

管理學有關「誘因論」（Incentive theory）的部分，很重要的一項內容就是「寬容機制」。不僅一定範圍內的失敗是可以被寬容的，最重要的是，寬容機制還要求失敗者將失敗的原因進行分析，整理成相應的材料，供其他人參考。

IBM 的一位高階負責人曾在一次技術創新中失敗，造成了近千萬美元的鉅額損失，許多人認為應該把他開除。公司董事長卻說，如果將他開除，公司豈不是在他身上白花了1 千萬美元的學費。同樣，在矽谷有一句名言：It's OK to fail，意思是「失敗是可以的」。寬容失敗，是許多著名企業的成功之道。

失敗乃成功之母。對於失敗，我們可以理解為：僅僅是一次不成功，下一次離成功更近。失敗帶來的經驗和教訓會使一個個人的心智不斷歷練和成長。如果一味地戒除失敗，則將所有的這些好處都一併戒除了。

美國安隆公司有一種「只准成功，不准失敗」的企業文化。在安隆，失敗者在中途就會被請出局，犯錯的員工立刻會被解僱，導致管理者不斷地虛增收入並盡可能地掩蓋過失，使公司的企業文化從開放創新變成了日益嚴重的投機取巧。這種「只准成功，不准失敗」的企業文化，是推動安隆「迅速增長，快速失敗」的又一重大因素。

相反的，美國 3M 公司創辦於 1902 年，平均每天獲得兩項專利，每年約有 500 件新產品問世。取得這樣的成果，完全得益於 3M 公司為員工創造了一個容忍失敗的文化環境。公司前總裁德西蒙（Desi DeSimone）要求管理層給僱員最大的自由空間去實驗新點子，把「失敗當做是學

習的過程」，讓僱員在沒有後顧之憂的情況下發展自己的新構想。3M 公司的新產品「便利貼」，就是在這樣的一個環境中誕生的，而且整個過程長達 12 年。

1969 年，公司的一名研究人員無意中發現一種低黏度的化學物質，當時沒有看出這種物質會有什麼用途，一些經理層人士也說要「停止這項實驗」。直到 1981 年，另一名研究員想到這種黏劑可用來製作易撕紙條，「便利貼」便正式誕生了。這項產品如今已成為必備文具，以超過 20 種顏色、56 種形狀、20 種香味等多種形式出現在辦公室和教室中，「便利貼」由此成為全球知名的品牌。

創新能力高的科技人才，大都具有極富創意、興趣廣泛、自發自動、不滿足現狀等特點，周邊環境對他們的創新有著極大的影響。而環境中的一個重要因素，就是容忍失敗、鼓勵冒險。只有這樣的文化環境，才能充分讓他們發揮創意，杜絕用消極扼殺創新。3M 公司有一個「15%文化」，即允許員工抽出 15%的工作時間做研究，實驗新構想，直到成功為止。3M 公司推出的熱銷產品幾乎都出自員工的業餘創造發明。

成功都是從失敗中艱難走出來的，中小企業的發展都要經歷這樣一個過程。企業家能夠成功，不是因為比常人失敗得少，而是失敗得更多，而且還是因為能夠不斷的失敗，最後才走向了成功。「屢敗屢戰」應該是對這個過程最好的寫照。所以，要讓員工發揮創造性，願意主動承擔和付出，就需要建立一個寬容錯誤、允許失敗的內部環境。如果當事人還有意願，就談不上放棄。如果當事人動機沒有問題，就可以給予機會。

有一種愛叫放手

有一首歌非常流行，相信大多數的管理者都有耳聞。歌名叫《有一種愛叫放手》。歌中這樣唱到：

「有一種愛叫做放手，如果兩個人的天堂，像是溫馨的牆，囚禁你的夢想，幸福是否像是一扇鐵窗，候鳥失去了南方。如果你對天空嚮往，渴望一雙翅膀，放手讓你飛翔，你的羽翼不該伴隨玫瑰，聽從凋謝的時光，浪漫如果變成了牽絆，我願為你選擇回到孤單，纏綿如果變成了鎖鏈，拋開諾言。有一種愛叫做放手，為愛放棄天長地久，我們相守若讓你付出所有，讓真愛帶我走。有一種愛叫做放手，為愛結束天長地久，我的離去若讓你擁有所有，讓真愛帶我走，說分手。」

仔細看歌詞了嗎？這首歌為什麼流行？

因為這首歌表達了一種無私的愛。很多愛表現為占有，出發點是自己的情感和需要，如果對方不愛自己，如果對方不對我的愛給予回報，我就會很痛苦、很傷心、很絕望。然而，這首歌表現出的是一種不求回報的真愛，就像母親愛自己的孩子，著眼點在對方的需要和情感。在這種情感中，「我」已經沒有了，不是失去了「自我」，而是根本就沒有「自我」。所以，這種情感表現出的不是祈求，而是一種真愛和大愛。這首歌之所以流行，就在於立意與眾不同，讓每個聽者，都聽出了乃至懂得了愛的真諦和愛的純粹，也因此才真正打動人心和深入人心。

企業家和管理者的責任不僅是給予員工一份工作，還需要能夠幫助員工成長。其實，這才是真正的責任所在。如果企業家和管理者能有這樣一份責任意識，就能換一個角度思考員工的失敗和錯誤，也能以更加平常的心態對待員工的失敗和錯誤。

王石曾撰文，寫到自己在 48 歲，從總經理位置離任後不能釋懷放權的境況，也談到為什麼辭職後，投入登山業餘嗜好的一個原因（不做「垂簾聽政」的事）。他反思道，之後我一直在反思，我的問題到底在什麼地方：

第一，是不是真的準備交權？捫心自問，沒人逼我，確實是真心要交；

第二，既然是主動自願地交權，為什麼還不放心？因為覺得他們要犯錯誤。於是我開始說服自己，從創業至今，我有沒有犯過錯誤呢？一直在犯。那為什麼不能允許他們犯錯誤？這個心態非常重要，既然我也是犯錯誤過來的，他們犯錯誤我就要寬容一點。如果還不等他們思考，我就直接指出問題，他們就不會再去花心思、動腦筋；如果我在一開始就把問題糾正，他們就不會意識到後果的嚴重性，也不可能有進步。只有讓他們親自去經歷，才能穩穩當當地進步。所以我讓自己牢牢把握一點：他們犯的錯誤只要不是根本性、顛覆性的，我就裝作不知道。否則，我退與不退就沒有什麼區別，而新的接班人也不會得到成長。

相信這一段話，對企業家和管理者一定會有所啟發。

宏碁的創始人施振榮是一個信奉挑戰哲學的企業家，《財星》稱他為「集優秀的工程師、傳統的生意人、先鋒派經理與國際企業家於一身，有遠大的志向和寬闊的視野」。施振榮怎樣看待授權呢？他說道，企業的存活，比人延續生命要困難許多，因為企業是由一群生命組成的，出錯、失控的機率比單獨一人大得多。仔細想想，一個人的成長必須接受許多教育，那麼，企業所受的教育應該更多才對。實際上，企業領導人是否提供組織成員足夠的教育呢？在授權的過程中，老闆一定要捨得為員工的成長付出學費。

施振榮還舉了這樣一個案例。早期，當宏碁推出「天龍中文電腦」時，頗獲外界好評，但業務卻遲遲無法展開。一位新進業務費了一番功夫才賣出一套，當他正為此高興時，卻發現客戶原來是家專門從事詐騙的空殼公司，我們因此損失十幾萬元。事發後，主管並沒有責怪他，反而說:「這個情況還真有點怪，我們來看看哪裡出了問題。」於是，他們逐一檢視客戶信用管理的步驟，發現他的確詢問了客戶銀行帳號，也向銀行進行了核對，唯一的疏漏是沒有進一步查詢往來時間。這是宏碁當時確實沒有建立的部分。

這件事產生了三個影響：第一，讓宏碁的信用管理制度更加完善；第二，由於上司的寬容，這位業務更加努力工作，後來奪得年度業績的第一名；第三，其他同仁親眼所見，使人性本善的文化更具說服力。這些收穫當然遠遠超過十幾萬元。

施振榮進一步反思。換個角度想，宏碁未來要面臨那麼多未知的挑戰，如果不自己替自己付學費，誰來替我們付學費？又如何能突破瓶頸？我想，我大約是臺灣付出學費最多的企業負責人。當公司賺錢的時候，也就是有能力繳學費、從錯誤中學習的時候。世事往往如此，在處於順境不需要別人幫助的時候，就不會想到要培養人才，而一旦發現必需求助別人，再去培養人才時為時已晚。因此，為了在需要時有人可以依靠，就必須在不需要依靠別人的時候培養人才。

寬容是成大事者的素養

人們對一個人的評價，很看重他是否勇於擔當，往往會很反感那些推脫責任的人，對管理者尤其如此。

管理者勇於承擔責任，將會使下屬有安全感。如果上司無論在什麼情況下，能說一句「一切責任在我」，那麼，做下屬的心裡會是什麼感覺？對上司又會是什麼感覺？

管理者勇於承擔下屬的責任，不但可給予下屬以後做事的安全感，而且還可以在這次事件上，免除下屬的恐懼心理，給予下屬時間和空間，讓他進行從容的反思。冷靜、客觀的反思，將會讓下屬真實地面對所發生的事情，審視自己的不足，總結經驗和教訓。任何一個有「良心」的下屬，在這個過程中都能領悟到上司的付出和愛護。要不會主動道歉，研究方案，解決問題；要不也會默默地以感恩的心，認真對待以後的工作和機會。相反，如果上司

推卸責任，下屬在恐懼之下，只會尋找各種理由為自己開脫。大家都會陷入一種沒有建設性的「責任逃脫」遊戲中，問題不但得不到解決，而且還破壞正常的上下級工作關係，為以後的工作埋下更大的隱患。

管理者寬容下屬的失敗和錯誤，主動承擔責任，使自己成為受責的對象，實質上會使問題解決起來容易一些。假如你是個中階主管，你為下屬承擔了責任，下屬會進行反思，那麼，你的上司是否也會反思他是否也有某些責任呢？一旦公司形成勇於承擔責任的風氣，上行下效，便會杜絕互相推委，上下不團結的局面，使公司有更強的凝聚力和競爭力。

現在有些管理者不能允許下屬失敗，也不能寬容下屬所犯的錯誤，有時其實並不是源自對工作的完美追求，而是存在一種與普通員工一樣的自我保護心理。這種心理其實就是一種私心，不願意承擔由此而來的連帶責任。所以，這些管理者在表面上和公開場合宣揚創新，鼓勵突破，然而在內心深處卻恐懼失敗，害怕錯誤。也因此，不能寬容和原諒員工的失敗和錯誤。

其實，在很多情況下，承擔失敗和錯誤並不代表會受到懲罰，讓管理者恐懼的也不一定就是懲罰。真正讓管理者害怕的是因負責而失去的威信。然而，他們不了解，威信的建立恰恰不是靠「沒有錯誤「和「永遠成功」的，而是靠主動承擔錯誤和失敗，特別是承擔來自下屬的錯誤和失敗。試想想，在這樣的上司領導下，做下屬的會不會放開手腳，去拚命地做好工作呢？做下屬的會不會有一種「士為知己者死」的感覺呢？

從某種程度上來說，企業最大的問題就是沒有人願意負責。人性都是趨利避害的，如果我們不能寬容對待失敗和錯誤，負責的「害處」就會被無限放大，讓每個人都避之不急。對於明確的「底線職責，職位職責」，推脫和逃避可能都難以奏效。而對於需要員工發揮主動性和創造性的「上線職責，義務職責」，推脫和逃避就會成為人性最本能的選擇。

管理者都難免遇到下屬頂撞自己的時候，這就要求管理者以一種寬容的心態面對，既展現了管理者的仁厚，又不失管理者的尊嚴，而且還保全了下屬的面子。以後，上下相處也不會尷尬，你的下屬更會為你效犬馬之勞。

管理者的心胸應該寬廣包容，但寬容並不是做「好好先生」，對於底線的制度是不能寬容的，而對於上線的做人則可以寬容的。這樣的管理者，有原則也有人情，有規矩也有方圓，才稱得上是睿智。

第六章

成功＝信心^2× 意義

美國學者愛默生（Ralph Waldo Emerson）指出：「自信是成功的最大祕密，是做大事的首要條件」。美國石油大王洛克斐勒（John D. Rockefeller）說過：「即使拿走我現在的一切，但只要留給我信念，十年之後，我又將成為美國的石油大王。」

不是沒意願，是因為沒信心

也許企業內部的管理氛圍是寬容的，但員工依然不會主動承擔責任。這樣，我們需要進一步的深究原因。

透過我們的分析，信心是員工能否採取主動行動的另一個關鍵心理因素。缺乏信心的員工，擔心自己的能力，怕做不好。環境允許做，自己也想做，但是內心對自己能力的不確定導致採取退縮的行為。

個人信心的缺乏，是因為缺少來自周邊環境的肯定和自身在心理上遭受太多的挫折，而對自己能力的否定，認為自己無論做任何事情都做不好。這種否定，在平常會讓人萎靡不振，更多地關注負面的資訊，自我否定的心理得到不斷的暗示和加強。在做事的時候，就會影響做事的效率，也抑制了自己最大能力的發揮，又進一步使自己產生挫敗感，而越來越對自己失去信心，從而造成惡性循環。

沒有信心的員工，他們的顧慮來自兩個方面：一是基於一種私心，擔心自己做不好，影響了自己的形象和地位，所以沒有信心的心理，往往伴隨著迴避風險的心理；二是來自於一種責任心，怕因為自己的能力不足，影響了工作，給企業帶來損失，這是一種善良，出發點是如果自己把事情搞砸了，就會對企業不好。

沒有信心的員工，往往很愛面子。他們不會公然尋求幫助，而是在內心尋求各種解釋，進行自我心理安慰。面對困難，他們會以各種外在的理由和藉口推託逃避。他們不會承認自己沒有信心，也不願意面對自己的沒有信心，更不容許這種深層的自我欺騙被「曝光」。所以，在這個時候，旁人如果明確指出其問題所在，會讓他們非常生氣。平時性情比較溫和的員工，這個時候的反應也都會比較激烈。

還有一部分沒有信心的員工，往往在表面上顯得非常自信，進而被認定為自負。他們只不過是不願意讓別人看到自己內心力量的不足，所以反而用表面的強大來掩飾自己內心的脆弱。

過去，我們都欣賞自信，抨擊自負。其實，從某種程度上說自信來源於自負，脫胎於自負。它們的區別在於自信基於明智，而自負基於無知，自信是一種明智的自負。

所以，我們不能再指責自負，而是要考慮如何將自負轉化為自信。

自信的明智，來源於採取行動後，對自己、對別人、對環境的認知和體驗得到加深，從而能夠更加正確地看待自己和看待別人，是一種「歷經滄桑」的自我認定。這種認定是基於自己有意志能夠克服困難，有行動成果能夠得到證明，從而逐步建立起來的。

自負的無知是對自我能力的認知仍停留在感覺階段，簡單地說就是自我感覺良好。但僅此而已，並沒有採取行動和獲得結果。所以，要將自負轉化為自信，關鍵是要採取行動並取得結果。自信是有結果的自負。

也不是沒能力，還是因為沒信心

妨礙一個人實現人生的目標，甚至妨礙做成任何一件事情的根源是信心，而不是能力。

有人經常說：「我能力不好，所以沒什麼信心。」在潛意識中，他們認為能力是首要條件，信心要靠能力才能建立。但是他們忘了，能力要靠信心承載，沒有信心，能力就難以發揮。

工作中都有這樣的經驗，有的人在臺下說話，妙語如珠，旁徵博引，神采飛揚。而一到臺上，結結巴巴，面紅耳赤，手足無措。是他沒有說話的能力嗎？顯然，是他沒有在臺上說話的信心，所以已有的能力也發揮不出來。

有信心，可以發揮出人的能力，甚至是潛在的能力；而沒有信心，會極大地阻礙能力的發揮，大事小事都會覺得困難，任何事情也都做不成。

什麼是信心？

信心是能夠實現目標，可以做好或是做成事情。自信是能夠實現我的目標，我可以把事情做好或做成。信心是放眼未來，透過未來牽引現在。信心帶來決心。

什麼是決心？

決心是必須實現目標。因此，

決心＝信心 × 意義

信心越強，則決心越大；事情越有意義，則決心也越大。但是，有了信心不等於就有了決心，事情有意義也不等於有決心。

一般來說，沒有意義的事情，我們不會有決心去做。但是沒有信心的事情，如果覺得事情值得做，我們也會下決心去做，盡量做到最好。

做一件事情，信心是決心的前提，有了信心才能有決心。決心是立足現在，透過現在實現未來。有了決心，能力不夠，就會想辦法提高能力，有各種困難，也會想辦法克服困難。可以看出，決心是能力的加速器，決心是困難的剋星。

信心承載能力，信心帶來決心，決心催生能力。

可以建立的成功公式是：

成功 = 信心 × 決心

因為，決心 = 信心 × 意義，所以，成功 = 信心 ^{2}× 意義，如圖 6-1 所示。

成功=信心 ^{2} X意義

圖 6-1　成功公式

從公式可以看到，如果一件事情一旦決定要做，成功失敗與否，信心就非常關鍵了。

1986 年，我作為應屆高中畢業生參加大學入學考試，當時大學錄取比例不到 10%。能否考取大學是人生的一個重大分水嶺，每個學生都面臨著人生的一個嚴峻挑戰。還記得，當時老師不斷教導我們要樹立信心，堅定決心。不過，那個時候懵懵懂懂，不太明白為什麼要這樣。當考試成績出來時，我們班級的一位女生從平常的全班排名 30 幾名，一下躍升到第 7 名，成功被理想的大學錄取，大家都說是超常發揮。但現在看來，實際上是充滿自信心的結果。

不管是從人生的體驗，還是基於理性的思考，我們可以得出結論：人生不成功，乃至做不成或做不好事情，往往不是沒有能力，而是沒有信心。

你是否從來不敢夢想自己能夠登上聖母峰。理由很多，心臟不好，年齡大了，體力不行。總之是沒有能力。那麼，請看下面一則報導：

2013年6月3日法新社報導，一名失去雙臂的30歲加拿大籍尼泊爾人男子蘇達山．高塔（Sudarshan Gautam），在5月20日成功登頂聖母峰，是世界首位失去雙臂，未帶義肢登上聖母峰的人。高塔在10多歲的時候因為一次事故失去雙手被截肢。在出發前，他在自己的部落格裡寫道：「這次『沒有手站在地球之巔』的攀登，是為了向世界傳遞一個訊息，即使那些身體有嚴重殘疾的人們，也具有突出的才能和巨大的潛能。」

這就是信心和決心。與高塔相比，我們是不是可以發現，我們的沒有信心實際上沒有來源，是不是會覺得我們的信心應該有來源。現在，信心有了嗎？以後，能不能登上聖母峰，關鍵是看我們有沒有決心了。

如果，我們對此還有什麼疑慮。再請看下面一個報導：

據 2013 年 5 月 29 日共同社報導，日本 80 歲冒險家三浦雄一郎成功戰聖母峰，成為最高齡登頂者，重新整理喜聖母峰登頂者的最高齡紀錄，比原紀錄提高了 4 歲。三浦曾於 2003 年和 2008 年兩度登頂，當時的年齡分別為 70 歲與 75 歲。

想想看，我們有多少人，認為自己不可能爬上聖母峰。沒有信心，我們也就真地爬不上聖母峰。沒有決心，我們就不會採取任何行動，所謂的理由就永遠在那裡。所以，能力永遠都不是問題，關鍵是信心和決心。

無法完成目標的三大藉口

妨礙我們實現一個目標或做成一件事情，往往有「沒有可能，沒有必要，沒有能力」這三大藉口。作為管理者，幫助員工成長，就需要管理這三大藉口。

1. 沒有可能

沒有可能實現的想法，就是一種沒有信心的表現。沒有可能，就不會讓我們去找「有可能」的方法，在意識上就限定了我們大腦的思考範圍，讓我們陷入困局。所以，請牢記一句話——「一切皆有可能」。

有這樣一個故事。

在一次宴會上，一位客人對哥倫布（Cristoforo Colombo）說：「你發現新大陸有什麼了不起，新大陸只不過是客觀的存在物，剛好被你遇到了。」哥倫布沒有與他爭論，而是拿出一顆雞蛋，讓他立在光滑的桌面上。這位客人試來試去，無論如何也沒辦法把雞蛋立起來，終於無能為力地放棄了。這時，只見哥倫布拿起雞蛋往桌面上用力一敲，下面的蛋殼破了，但雞蛋穩穩地立在了桌面上。之後，哥倫布說了一句頗富哲理的話：「不破不立也是一種客觀存在，但就是有人發現不了。」

這個故事告訴我們，當固有的思維成為一種定局，將使自己在自縛的繭中無力自拔。只有突破自己的局限，才能走出困局。

猶太人有句名言：沒有賣不出去的豆子。

猶太人說，賣豆人如果沒有賣出豆子，他可以把豆子拿回家，加入水讓它發芽，幾天後，賣豆人可以改賣豆芽。如果豆芽也賣不掉，那麼乾脆讓它長大些，賣豆苗。而豆苗如果也賣不掉，再讓它長大些，移植到花盆裡，當作盆栽來賣。如果盆栽還是賣不出去，那麼就再將它移植到泥土裡，讓它生長。幾個月後，它就會結出許多新豆子。一粒豆子，變為成百上千顆豆子，這不是一種更大的收穫嗎？猶太人正是靠這種堅韌不拔的毅力和鍥而不捨的精神和面對困難的勇氣立足世界。

有人又將其延伸，使這個故事更有趣：新豆子要是還賣不出去，可以打磨成漿，賣豆漿；如果豆漿也賣不出，那麼就乾脆將它做成豆腐腦，賣豆腐腦；如果豆腐腦還賣不出，就再將它壓成豆腐賣；如果豆腐還是賣不出去，那就索性將其做成豆干賣；實在賣不出去，還可以做成臭豆腐賣。

所以，沒有什麼不可能。不可能是指在已知的世界裡沒有找到辦法，而在未知的世界裡面，辦法多的是。

2. 沒有必要

認為沒有必要去做，就不可能有決心去做。是否有必要，與我們看待事情的意義，也就是我們的人生價值觀相關。企業管理，就需要找到員工關注的價值觀，透過管理員工的價值觀，讓沒有必要變成必要，讓有一點必要變成很有必要，這樣才能牽引員工的發展。

韓信是漢代偉大的軍事家，開國功臣。他年輕時家境貧寒，被人瞧不起。

有一次，一屠夫當眾侮辱韓信，說：「你雖然身高體大，喜歡佩帶刀劍，內心裡卻十分膽怯。」他還說：「若你不怕死，就用劍刺我；怕死，就從我褲襠下鑽過去。」韓信注視了這個屠夫好久，然後低下頭，從他叉開的雙腿間鑽了過去。滿街的人都嘲笑他，以為他怯懦，史書上稱之為「胯下之辱」。後來，韓信做了楚王，找到那個屠夫，屠夫很害怕，以為韓信要殺他，沒想到韓信卻善待屠夫，並封他為護軍衛。他對屠夫說，沒有當年的「胯下之辱」就沒有今天的韓信。

韓信為什麼當時能忍受「胯下之辱」？

因為韓信認為，人生最重要的是功成名就，其他的與功名相比，都可以被暫且拋下。

二戰期間，美國空軍降落傘的合格率為99.9%，這就意味著從機率上來說，每一千個跳傘的士兵中會有一個因為降落傘不合格而喪命。部隊首長要求廠家必須讓合格率達到100%。廠家負責人說他們竭盡全力了，99.9%已是極限。這位首長就改變了檢查制度，每次交貨前從降落傘中隨機挑出幾個，讓廠家負責人親自跳傘檢測。從此，奇蹟出現了，降落傘的合格率達到了100%。生命是自己的，100%的合格率就成為了「很有必要」。

還有這樣一個故事。

有一位大學畢業生，正在找工作。在求職網上看到一家公司正在徵人，職位很適合自己，也正是自己心儀已久的公司，不禁怦然心動，決心一定要應徵上這個職位。求職網上說可以直接過去面試，於是這位大學生做足準備工作，上網查了資料，又研究了可能的面試問題。然後，信心滿滿地等待面試的到來。

那天一大早，他提前30分鐘到達面試地點，卻發現前面已經排了24個人，自己是第25個人。「來晚了」，大學生不禁著急起來。但是他想：「我一定要應徵上。」於是，他站在那裡拚命地想有什麼方法可以增加被選上的機會？突然，一個絕妙方法閃過腦海。他拿出一張紙，寫了幾行字，然後走出隊伍，走到負責接待的女祕書桌前，很有禮貌地說：「小姐，請您一定把這張紙條轉交給老闆。這件事對您來說很小，對我將影響一生，謝謝您了。」

好心的祕書將紙條交給了老闆。老闆開啟紙條一看，然後笑呵呵地遞給了祕書，紙條上這樣寫到：「尊敬的面試官，您好！我是排在第25號的面試者王奕軒，請您不要在見到我之前，做出任何決定。」親愛的讀者，你想，他得到了這份工作了嗎？這位大學生已經用行動表達了他對這份工作的強烈意願，還有什麼比這更重要的呢？

事情總是垂青那些認為「很有必要」的人，也只有「很有必要」，才能激發一個人的潛能和智慧。人有時是被逼出來的，這話也有一定的道理。

在一間企業內，曾流傳這樣一件事。

1997 年，33 歲的魏敏瑄被派往日本，學習掌握世界先進的整體廁所生產技術。在學習期間，魏敏瑄注意到，日本人試模期報廢率大約都在 30% ~60%，設備調整正常後，報廢率為 2%。

「為什麼不把合格率提高到 100%呢？」魏敏瑄問日本模具專家。

「100%？妳覺得可能嗎？」日本人反問。

魏敏瑄意識到，不是日本人能力不足，而是思想上的桎梏使他們停滯於 2%。魏敏瑄想，要就不做，要做就要爭第一。於是，她拚命地利用每一分鐘時間學習。3 周後，帶著先進的技術知識和超越日本人的信念回到了公司。

時隔半年，日本模具專家到本地訪問，再次見到了當年的徒弟。她此時已是衛浴分廠的廠長。面對一塵不染的工廠，操作熟練的員工和 100%的產品合格率，日本人看傻了眼。

於是，日本模具專家問道：「100%的合格率，我們想都不敢想，對我們來說，2%的報廢率，5%的不良品率天經地義，你們是怎麼做的？」

「用心。」魏敏瑄簡單地回答。

用心，看似簡單，其實不簡單。

原來，魏敏瑄從日本回國後，便開始將重點放在衛浴分廠的品質管理。魏敏瑄在實踐中把 2%放大成 100%去重視和對待。就這樣，在魏敏瑄的努力下，2%的錯誤得到了100%的解決。終於，100%，這個被日本人認為是「不可能」和「沒有必要」的產品合格率，被魏敏瑄做到了。

3. 有能力

沒有能力，往往是沒有信心和決心的藉口。沒有信心和決心，就不會發揮出人的潛能。遇到事情就以沒有能力為藉口，久而久之，就會真的為自己貼上無能的標籤，對自己形成根本的否定。人生時時處在一種退縮的狀態，不可能成功，也不可能快樂。

如果你向神求助，表示你相信神的能力；如果神沒有幫助你，代表神相信你的能力。

有這樣一個經典故事。

直到 1954 年，4 分鐘內跑完 1 英哩（1.6093 公里），都被認為是不可能的一件事。事實上，醫生也證實，4 分鐘跑完 1 英哩是人體的極限，生理學家透過實驗也證明了這一點。然而，Roger 出現了，他說：「4 分鐘內是可能的，我要做給大家看。」

他當時是牛津大學的一位醫學博士，同時也是一名出色的 1 英哩跑選手，但他沒有突破過 4 分，他的最好成績是 4 分 12 秒。自然沒人把他說的話當真。但 Roger 堅持著，不斷刻苦地訓練。直到 1954 年 5 月 6 日，他跑出了 3 分 59 秒。這個成績當時轟動一時，登上了全世界報紙的頭條。

六週後，澳洲的約翰．蘭迪（John Landy）一英哩跑了 3 分 57.9 秒。第二年，即 1955 年，有 37 名選手在 4 分內跑完 1 英哩。到 1956 年，這人數超過了 300 人。

這究竟是什麼原因？

是有了新技術、新鞋子？

不是。

是因為信念。不是原來這些運動員沒有能力，而是他們的潛意識限制了他們，阻止他們突破界限。那些醫生、科學家或心理學家所聲稱的身體極限，讓這些運動員建立了「沒有能力」的心理界限。

每個人都有巨大的潛能，請看這樣一個事例。

據東森電視臺網站 2013 年 7 月 12 日報導：美國波士頓 22 歲年輕女子瑞秋，日前將一輛重達 2500 公斤的越野車抬起，救出被壓在下面的父親，她爆發出來的超人力量讓人驚嘆。當時瑞秋的父親亞當正在修理一輛吉普車的煞車，不料千斤頂突然失控，輪胎壓在他的腿上。瑞秋在屋內聽見喊叫聲，立即衝出去從車輪下救出父親。瑞秋表示，她看見父親被壓在車下就衝出門去，也沒想到能抬起那輛汽車。在驚恐之下，她「神力女超人」上身，爆發出意料之外的力量，扛起越野車讓父親脫困。

一個人的成功，機遇、環境、條件這些外在的因素，當然都在發揮作用。但有一種東西，必須伴隨著自己，那就是能力。成功所需要的能力，無論是創造能力、決策能力還是敏銳的洞察力，既非一開始就擁有，也不是一蹴可幾，而是必須透過長期的工作和學習才能得到。

在日常工作中，是什麼限制了自己能力的增長？總結起來，有下面七條：

第一條，否定性思想。比如不可能、沒辦法、怎麼會？沒想過、不知道等，這些詞彙會讓你的大腦停止思考，關閉了解決問題的可能性，不會再為結果找答案。

第二條，推卸責任。比如沒看見、不知道、不是我的錯、因為……所以……這些詞彙讓一個人心安理得地讓這件事情和自己沒關係，損失了很多次成長的機會。職責局限，這個不歸我管、那個不歸我管，不在其位不謀其政，忘了機會永遠留給有準備的人。

第三條，懶惰、不想做，也不願意去想。安於現狀、與世無爭、承受不了壓力，只想不勞而獲，每天做著美夢，在安逸中逐漸喪失能力。

第四條，金錢。金錢會限制一個人的能力，不給錢就不做事，錢給得少就不去做，久而久之讓自己失去了提升能力的機會，最終也喪失了賺錢的能力。

第五條，抱怨。自己永遠是一個受害者，發生事情永遠是別人的原因，整天怨天尤人，慢慢地失去了解決問題的能力，幸福快樂都離他而去。

第六條，自以為是。誰的意見都聽不進去，總是覺得自己是對的，慢慢的誰都不再給他提意見，聽不到真話的同時，只能自己慢慢成長。

第七條，怕犯錯。怕犯錯的人不敢去做更多的事，出了錯，第一時間先替自己找理由和藉口，失去了很多次嘗試的機會。

幫助員工建立自信

作為管理者，不能指責員工的自負，也不能埋怨員工沒有信心。可以選擇的路只有一條，那就是幫助員工建立信心。建立了自信，也就消除了自卑，轉化了自負。

自信無法憑空而來，即使有人不斷對我們說，你好棒，你一定可以，你一定行。我們得到的，最多只是鼓勵自己放開腳步的勇氣，而非自信。信心的建立需要一個過程，這個過程是正循環，信心才能得到不斷增強。

信心的根源是一種面對事情的感覺：感覺好，則自信心強；感覺差，則自信心弱。躍躍欲試的感覺，就是自信滿滿的一種表現。不同的員工面對不同的事情，內心的感覺都會不同，每個人採取行動的意願也都會不一樣。這個時候，當事人需要的是勇敢，管理者要做的是鼓勵去做，建議嘗試，也就是激發勇氣。不去做，不嘗試，自負不可能轉為自信，我們還是不自信。

行動才能獲得經驗，取得結果。經驗和結果都是我們的經歷，為我們帶來信心的。我們能對自己產生信心，都是因為有做事的經歷，無論那份經歷是不是非常完美，一旦經歷了整個過程，經歷就成為了總結與提高的施力點。自信的產生是經歷，沒有行動，就沒有經歷。自信的產生不是能力，相信自己的能力，往往帶來的是自負，因為這份能力並沒有得到現實的檢驗。

經驗和結果就是我們的成就。這份成就是透過自己的努力而得來的，我們就會形成對自己的肯定。問題的關鍵是，不管是依靠自己的力量，還是動用他人的力量，在整個過程中，是自己在負責，是自己在用心。有過經歷的人，都很了解，只要自己真正負責了，那份結果就是自己的。不管別人怎麼說，也不管外界怎麼評判，其實都不能動搖自己內心對自己行為的評判。另外，也只有自己用心了，才能真正收穫經驗，增長才幹。這份經驗和才幹，扎根在自己的大腦中，但有時自己也不一定完全明白，也沒人可以完全了解，但這些都是未來成功的資源，需要時就會被自動顯化出來。

謀事在人，成事在天。如果事情沒有取得預計的結果，但是我們真真切切努力了，我們也要肯定自己。如果只是做好了四步，不過是在第五步失敗。我們要肯定自己在前四步的成績，不能因為第五步的不成功，而對前四步的工作一概否定。對自己的肯定，不能只看結果，還需要看到我們收穫的經驗和才千，這也是成就，也需要得到肯定。這份成就的回報，一定會來，不是明天，就是後天。正如一句古話所說，技不壓身，不是不報，是時候未到。換一個方向，從好的方面看問題；換一種思路，從更多的角度看問題，就能形成對自己的肯定。

這個時候，管理者對成就也要不吝給予肯定。工作達到預期的結果，需要幫助總結經驗，樹立更高的標準。如果只是做好了四步，在第五步失敗，管理者則需要肯定已經做好的四步。對第五步的失敗，不能指責，而是幫助總結經驗，讓員工形成自己的教訓，知道自己的不足。外部的肯定是推進器，目的是加強員工內心對自己的肯定，這也是管理者幫助員工建立信心最重要的一個面向。原本自信心比較弱的員工，這個時候就需要得到更多的肯定。

對自我的肯定，已有的經驗和才幹，能夠讓人更加成熟和淡定。下次面對事情，就有更好的感覺，從而更願意採取行動。每一件事情，雖然表面看起來都不同。其實，事不同，理同。如何做事情？如何做成事情？應該怎麼做事情？諸如此類的問題，其實背後都有共通的基本做事法則。做的事情越多，取得的成就越多，我們對這些問題背後的「道」就更了解，遇到同樣的事情或是相似的事情，我們就越有信心。所以，善於總結的人，容易建立信心；有信心的人，善於總結。因為，信心能夠建立信心，從一個信心能夠走向另一個信心。

外部的鼓勵嘗試，外部的肯定，是建立信心的助進器，內部的自我肯定則是主因。信心是盞「明燈」，需要插電，插上電就要採取行動。「明燈」還需要充足的電力，電力就是努力。肯定是開關，信心那盞「明燈」，已經通上了電，這個時候，開關一開，燈就被點亮了，而且越來越亮。

● 首先，幫助員工建立自信，起點是了解員工

管理者用人，首先是識人。不過這種識人，重點不是自己的主觀判斷，而是推動員工的自我認知，然後雙方達成共識。知人者明，知己者智。我一直倡導，要做一個成功的人，首先是要做一個明智的人。管理者需要幫助員工正確認識自己，搞清楚自己的優勢和劣勢，同時，不要形成對自己的過高要求。每個人都有擅長的一面，也有不足的一面。比如說，有些人擅長交際，但實際工作能力不強；有些人很內向，但是很細心。那麼，自己的優勢和劣勢是什麼呢？

● 其次，管理者需要揚長避短地合理安排員工的工作

管理者需要讓下屬多做一些能發揮自身所長的事情，提高員工做事的成功率，這樣員工的自信心自然就能夠得到提升。還有，就是先從最簡單的事情安排起。讓員工在做事情之前，先盡量準備充分，這樣成功的希望就更高。而一旦做好之後，就能提升員工的自信心，讓他們有信心做稍難的事。這樣一步一步來，信心就會一步一步得到提高，從而將惡性循環打破，進入良性循環。

● 再次，在實際工作中建立員工的信心

給予機會讓員工多做和多思考，讓他們獲得更多的鍛鍊機會。在管理上，為員工提供寬容的環境，允許犯錯，寬容失敗。即使不成功，也要幫助員工從好的一面看問題，對已經取得的成績給予肯定。事情沒有做好，不能指責，而是提出建設性意見，給予支持和培訓，幫助員工建立信心。在惠普公司 (Hewlett-Packard Company，HP)，有一個不成文的企業文化：沒有明確規定不能做的，就是可以做的。這樣一種文化，無疑在心理上釋放了員工的壓力，讓大家有更多的積極性和主動性去做事。

日本松下電器總裁松下幸之助的領導風格以罵人出名，但是也以最會栽培人才而聞名。

有一次，松下幸之助對他公司的一位部門經理說：「我每天要做很多決定，並要批准他人的很多決定。實際上只有 40%的決策是我真正認同的，剩下的 60%是我有所保留的，或者是我覺得過得去的。」經理覺得很驚訝，假使松下不同意的事，大可一口否決就行了。

松下解釋道：「你不可以對任何事都說不，對於那些你認為算是過得去的計劃，你大可在實行過程中指導他們，使他們重新回到你所預期的道路上。我想一個領導人有時應該接受他不喜歡的事，因為任何人都不喜歡被否定。」

作為一名主管，你必須懂得如何加強下屬的信心，千萬不可動不動就打擊你下屬的積極性。應極力避免用「你不行、你不會、你不知道」這些字眼，而要經常對你的下屬說「你行、你一定會、你一定要、你知道」。信心對人的成功極為重要，懂得給下屬打氣的管理者，既是在幫助下屬成功，也是在幫助自己成功。

有一位企業家做報告，一位聽眾問：「你在事業上取得了很大的成功，請問，對你來說，最重要的是什麼？」這位企業家沒有直接回答，他拿起粉筆在黑板上畫了一個圈，但沒有畫滿，留下一個缺口。他反問道：「這是什麼？」「零，圈，未完成的事業，成功」臺下的聽眾七嘴八舌地回答。企業家對這些答案不置可否，說道：「其實，這只是一個沒畫完整的句號。你們問我為什麼會取得輝煌的業績，道理很簡單，我不會把事情做得很圓滿，就像畫個句號，一定要留個缺口，讓我的下屬去填滿它。」

留個缺口給他人，並不說明自己的能力不足。實際上，這是一種管理的智慧。幫助員工成長，讓他們充滿自信，這才是用人的境界。

第七章
信任是起點，責任是終點

有一天，動物園的管理員們發現，袋鼠從籠子裡跑出來了。於是開會討論，一致認為原因是籠子的高度過低。所以他們決定將籠子的高度由原來的十公尺加高到二十公尺。結果第二天他們發現，袋鼠還是跑到外面來。於是他們又決定，再將高度加高到三十公尺。

沒想到隔天居然看到袋鼠全部跑到外面，管理員們非常緊張，決定一不做二不休，將籠子的高度加高到一百公尺。

一天長頸鹿和幾隻袋鼠們在閒聊。

「你們看，這些人會不會再繼續加高你們的籠子？」長頸鹿問。「很難說。」袋鼠說，「如果他們再繼續忘記關門！」

熱情來自實現自我價值

專家研究指出：80%的員工如果願意，可以有更好的表現；50%的員工只是為了保住飯碗。或許你的公司提供了很好的薪水、有薪假、福利計劃等，但員工並沒有展現一流的業績。因為這些所謂的激勵，只能用來留住員工，但並不能產生激勵的作用。

現代心理學的實驗結果告訴我們，借助於薪資、獎金等激勵措施，只能啟動員工積極性的60%，其餘40%的積極性要依靠管理者的領導技能去啟發。人會被金錢激勵，但很難永遠被金錢激勵。單一的金錢激勵，會讓人對金錢的慾望越來越強，越來越難以滿足，最後讓企業是獎無可獎，而員工的熱情消失殆盡。

英國《太陽報》曾以「什麼樣的人最快樂？」為主題，舉辦了一次有獎徵答活動。從報名的八萬多封來信中，評選出四個最佳答案：

答案一、作品剛剛完成，吹著口哨欣賞自己作品的藝術家；

答案二、正在用沙子蓋城堡的兒童；

答案三、為嬰兒洗澡的母親。

答案四、千辛萬苦開刀後，終於挽救了危重病人的外科醫生。

第一個答案告訴我們，勞動的成果和成就感，讓我們快樂。

第二個答案告訴我們，做自己感興趣的事，讓我們快樂。

第三個答案告訴我們，愛和付出讓我們快樂。

第四個答案告訴我們，人生的價值，重要感和成就感，讓我們快樂。

從四個答案中我們可以看出，價值的實現和成就感是最重要的因素。

雙因素理論（Two-factor theory）其實也說明了一個同樣的道理。

雙因素理論認為，保健因素（Hygiene factors），諸如，薪酬福利、個人地位、管理風格、工作安全、人際關係、工作環境、企業政策等，只能消除人們的不滿，但不會帶來滿意感；而激勵因素（Motivational factors），諸如工作內容、工作責任、業績肯定、晉升機會、事業發展、工作成就、社會價值等，才能夠給人們帶來滿意感。在員工激勵方面，我們可以將雙因素理論與「雙線法則」有機結合。

我認為，消除不負責，讓員工負責，可以主要考慮雙因素理論的保健因素。企業需要消除在薪酬福利、管理風格、工作環境等方面的負面影響，讓這些因素發揮正面的影響作用，確保員工達到底線，並推動員工走向上線；讓員工盡責，需要著重考慮雙因素理論的激勵因素，並結合維持因素，讓兩方面的合力發揮作用。這個時候，企業需要著眼在消除在工作內容、業績肯定、事業發展等方面的

負面影響，讓這些因素發揮正面的影響作用，推動員工走向上線。

人活著需要熱情，人生的動力也是熱情。熱情的來源是人生價值，熱情的原因是成就感。在企業內部，管理者如何引發員工的熱情？答案是，給予員工成就感。

授權，讓員工發揮主動性和創造性，積極努力地克服苦難，實現預定的目標。沒有什麼管理手段比授權更有效，更能建立員工的成就感。表揚、肯定、鼓勵可以引發員工的熱情，然而這種熱情是附加的、臨時的，授權才是從內心深處，引發可持續性熱情的方法。

其實，授權不僅可以激發員工的熱情，而且可以讓管理者集中精力處理最重要的大事，有時間思考新問題，同時還可以培養下屬的才能，建立良好的上下級關係。在內部營運商，授權還可以加快決策的過程，提高工作的效率。

授權有這麼多好處。然而，很多企業卻難以做到，甚至不願意去做。為什麼？原因是，缺乏信任。信任，已成為「我心中永遠的痛」。過去信任被濫用，管理者因為慘痛的失敗而猶疑不決，內心存有對信任的不安全感和恐懼感，導致難以再信任。所以，要建立授權機制，當務之急是先建立信任體系，而歸根究柢是要做到責任管理。

「疑人不用，用人不疑」謬論

中華傳統文化博大精深，其中的思想觀念有精華也有糟粕。五千年的燦爛文明，泥沙俱下，作為現代華人，我們都在承接，新舊觀念的交鋒，讓我們不斷掙扎。然而，對於某些思想觀念，我們往往是盲目的信奉，甚至是無意識的信奉，因為它們聽起來很對，看起來很好。這樣一類屬於糟粕的觀念，隱蔽性很強，害人不淺。

1.「疑人不用，用人不疑」

典型的是「疑人不用，用人不疑」這句話。這是一句古話，分別出自《三國志．魏書．郭嘉傳》裴松之注引《傅子》:「用人無疑，唯才所宜。」宋代歐陽修《論任人之體不可疑札子》:「任人之道，要在不疑。寧可艱於擇人，不可輕任而不信。」

職場中人都知道這句話，並且受這句話的影響不小，管理者受這句話的束縛更大。那麼，這句話到底對不對？有什麼問題？我們來做一個分析。

先看「疑人不用」

「疑人不用」，這句話對不對？沒有什麼不對，而且聽起來是太對了。

有人會說：「對我有懷疑，為什麼還要用我，這不是你自尋煩惱嗎？你可以找你不懷疑的人用嘛。」然而，在現實社會中，能夠找得到嗎？答案顯然是否定的。

現代企業與傳統企業的區別特徵之一，就在於能否組織一群原本並無聯繫的人，完成一個共同的目標。信任建立在了解的基礎之上，對一群並不了解的人，不可能有信任，這是常識。如果「疑人不用」，那麼結果是沒人可用，只有老闆一個人單打獨鬥。

家族企業是「疑人不用」觀念的產物，外人不能信任，家人總可以吧。暫且不談「近親繁殖」將損害企業發展的基因，讓企業難以做大做強。只說在沒有規則的條件下，家人的信任能否持續，就已經是一個大問題。從一開始的「兄弟父子兵」齊上戰場，到後來不可挽回的內訌和分家，這樣的例子在歷史上不勝枚舉。

從人性的角度看，人性有善有惡。在現實社會中，不可能找到完人和聖人。而且，人性無常，人總是處在不斷地變化中，此時為君子，當時可能為小人。大家都可以看到，現在的「腐敗份子」，大部分當年也都是有為青年。「疑人不用」的結果只能是沒人可用。

再來看「用人不疑」

「你對我懷疑就不要用我，用了我就不要懷疑。搞那麼多檢查、監督，不就是不信任我嗎？」這是一些專業經理人的心聲。這樣一句擲地有聲的話，讓企業老闆左右為難。不監督、不檢查，不能放心。監督檢查，好像道義上說不過去，情面上放不下來。於是只好表面上「用人不疑」，暗地裡「上下設防」。專業經理人其實也並不舒服，總是感覺到有一團無形的陰影籠罩著自己，得到了「信任」，做事也不能放開手腳。在「用人不疑」的口號下，企業所需要的管理制度，反而變成了私底下的心理遊戲。

「用人不疑」的言外之意，是要有信任。有人說：「對員工的不信任，直接挫傷的是員工的自尊心和歸屬感，間接的後果是會加大企業離心力。」還有企業的老闆在談到用人時說：「信任是我用人的第一標準。」另外，還有人舉例說：「美國奇異前 CEO 傑克．威爾許（Jack Welch）的經營最高原則是：管理得少就是管理得好。」言外之意就是要信任。

信任的確是管理的一個大話題。那麼，到底什麼是信任？

2. 什麼是信任？

信任，信任，有信才有任，因為信你所以任用你。先有信，後有任。信是任的前提，不信則不能任。信有多少，任才會有多少。信有多深，任才有多重。

就像沒有無緣無故的恨，這世界也沒有無緣無故的信。信可以靠兩個方面來建立。一位面試者應徵某職位，他非常需要這份工作，他需要做的，就是這兩方面。一是承諾，「我會讓您滿意……」、「我一定怎樣……」、「我會這樣開展工作……」、「我不會辜負希望」等這樣的話語，都是在許下一個承諾，期望獲得別人的放心任用；二是證明，過去我在別的公司表現如何，我過去的工作業績，我的學歷證明，我的朋友推薦，我的上司評價，過去的離職證明等，都是在提供證明。

一個人應徵，如果不能提供證明，就需要依靠更多的承諾，如果能夠提供更多的證明，就只需要較少的承諾。總之兩者合起來，就是要讓面試者相信自己的能力和意願。

承諾和證明是為了開啟信任。不過，一旦開啟信任，任的結果就產生信。任有幾分成績，則信會增加幾分程度，於是任就增加幾分機會。兩者成為一個循環，相輔相成，互為轉換。好的信任是正循環，信和任不斷增加。差的信任是負循環，信和任不斷減少。要讓任轉化為更多的信，任與信之間就需要加入一個環節，檢查。

檢查的加入，可以形成一個正向的信與任循環，見圖7-1。檢查就是為了取得一種證明，能夠被檢查，就能夠被證明。沒有辜負信任的人，就會期盼得到檢查。否則，做得好做得壞，混作一團，難以分辨，無法突顯。那些辜負了信任的人，就會說：「疑人不用，用人不疑，幹嘛還要那麼興師動眾？」

檢查可以證明沒有信任錯，從而能夠增加信任。剛開始的信任，可以來自承諾，而一旦開啟信任，後來的信任就必須來自檢查。檢查才能獲得對任用事實的了解，才能證明是否值得信任。所以有了任用，就不能再相信承諾。檢查，是保證「信」和「任」良性循環的必要環節。

不能懷疑，就不能檢查，不能檢查，也就不會信任。「用人不疑」的思想，開啟的就是這樣一個惡性循環，建立的是老闆與專業經理人雙輸的管理局面。要開啟良性循環，首先就必須破除這種觀念。

「疑人不用，用人不疑」這句話表達的是一種理想，有理想也沒有什麼不可以。然而問題是，有道理不一定就有

效果，太過美好的理想，在現實中並不可行。其實，「疑人不用，用人不疑」這句話是傳統社會人治思想的產物，也是以德治國思想的延伸。中國歷朝歷代的封建帝王治理國家，都是「明儒暗法」、「兩面三刀」，「疑人不用，用人不疑」只是用來騙人的幌子，本身就是封建帝王虛偽性的一個代表。在我們建設現代法治國家的過程中，「疑人不用，用人不疑」已經失去了存在的價值，如果我們還信奉它，只能是作繭自縛。

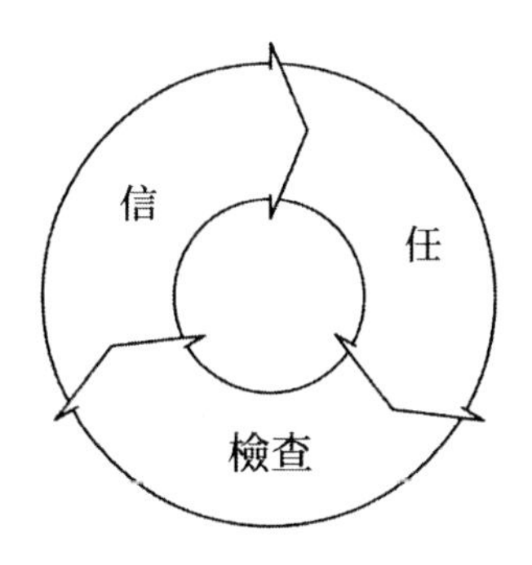

圖 7-1　信與任循環

「疑人不用，用人不疑」，做不到，也不可能做到。然而，基於「疑人不用，用人不疑」這句話傳統「道義立場」的強大，又基於現實利益得失的考量，許多企業老闆往往表面上是不否定「疑人不用，用人不疑」這句話，實際上是絕不信奉，任何事情都希望牢牢抓在自己手中。不得已才放權，則「名不正、言不順」地施行監控。裡外不一，老闆和管理者做事不累，做人都很累。

建立現代企業管理制度，首先需要樹立正確的管理理念。現代企業所需要的用人理念應該是：疑人可用，用人要疑，檢查什麼，才能相信什麼，檢查誰，才能相信誰。建立企業內部的監察控制制度，就可以大膽用人，放心用人。「疑人不用，用人不疑」，是沒有制度情況下的權宜之計，且不可以作為管理企業座右銘。疑人可用，用人要疑，才是基業長青的必要基因。

別對信任授權，對責任授權

現在往往有很多的道理，大講信任的重要性和信任的意義。比如，「用他，就要信任他；不信任他，就不要用他，這樣才能讓下屬員工全力以赴」、「人與人之間缺乏信任，會導致意識上的對立，甚至行為上的爭執，造成社會秩序的混亂」。

這些說法是很對，然而僅限於說教，止步於大道理，而不能取得實際的效果。因為，這些道理沒有更深入地分析，信任如此重要，然而，為什麼我們不信任？以及我們應該如何信任？這樣，道理講得再好，信任還是舉步維艱。

1.「信任三度空間」

● 到底什麼是信任？

前文談到「疑人不用，用人不疑」，我的觀點是，有信才有任。信有多少，任才會有多少。信有多深，任才有多重。同時，任有幾分成績，則信會增加幾分程度，任又增加幾分機會。為了將任轉化為信，任與信之間必須加上一個環節 —— 檢查。這樣，信任才能成為一個正循環，信任才能得到不斷增強。

● 又該如何信任呢？

這就需要進一步地分析信任。分析的目的是梳理出一個清晰的信任思維格局，搭建一個完整的信任管理體系。在這裡，我們同樣可以用兩條線切割出三個空間，以區別信任和管理信任。我們叫它「信任三度空間」（如圖 7-2 所示）。企業家需要在企業內部建立信任管理體系，做好授權。這樣，才可以無限放大自己的能量，激發員工的責任心和上進心。

圖 7-2　信任三度空間

底線是制度。這條線是確保信任不會犯錯，沒有這條線，信任就會成為放任，放任就會帶來違法瀆職的行為。

為什麼我們不能信任？因為信任一旦被利用，付出的成本就太高。我們想信任，渴求信任，然而沒有底線，導致我們害怕信任，懷疑信任。

有制度底線的信任才是真正的信任，不過僅僅是信任而已。比如，對銷售人員，覺得你還行，就放手讓你去做。不設定業績目標，也不做業績考核，做多少是多少，努力去做就可以了。不過，沒有要求的是業績目標，有要求的是不能做有損於公司的事情，不能違反公司的管理制度。這，就是我們所說的信任。

上線是目標。這條線是讓信任產生價值，沒有目標，信任就不會轉化為責任。信任雖然美好，但責任才真正讓人放心。

不難看出，責任肩負達成目標的使命，責任才是授權的對象。授權與責任緊密相聯，如果授權不能產生責任，不能帶來價值，我們對授權就失去了真正的動力和興趣。如果責任沒有得到授權，責任就難以擔負，目標也難以完成。

授權的對象不是放任和信任。如果對放任授權，那等於是搬石頭砸自己的腳；如果對信任授權，那就免不了會

讓我們失望乃至絕望。只有對建立在底線和上線之上的責任，我們才可以授權，也才可以真正做到責、權、利對等。

授權可大可小。小到相信你有能力做好自己的本職工作，你有意願做好自己的本職工作。大到相信你有能力承擔一個職能部門的工作，你有責任心去管理好下屬的工作。再大到相信你有能力能力去獨立負責一塊業務的運作，你有事業心去讓這塊業務能夠穩定增長，為股東創造持續的利潤回報。

信任是金，信任創造價值。離開了信任，企業將舉步維艱。將信任區分為放任、信任與責任，對信任的概念一分為三，可以讓我們的思想更明確，也讓信任成為可能。放任、信任與責任，就是管理信任的「信任三度空間。」

有信才有任，有任就有責，負責才能信。先有信任，後有責任。信任是企業管理的起點，責任是企業管理的終點。企業管理的所有問題，都可以歸結到責任管理。

如果說企業文化是一種軟性的核心競爭力，那麼信任是建立核心競爭力的前提，責任則是核心競爭力的核心。企業文化的基礎，是建立一套以責任為核心的責任管理系統。現在有些企業的管理，是有「信任」而無「責任」，甚至是在進行所謂的「放任」。企業管理舉步維艱，管理局面難以獲得實質性的突破，原因不外乎如此。

2. 如何授權？

為什麼不信任？為什麼不授權？

原因就在這裡。

首先是認知上的問題，其次是體系上的問題。

信任的前提是不信任，授權的基礎是有能力。不信任，才需要建立監督檢查機制和目標管理機制。有能力，才可以建立監督檢查機制和目標管理機制。

不信任，可以讓我們防患於未然，不至於對信任失望和絕望。有能力，才可以建立真正的信任。否則，我們可以的選擇，只有不信任和瞎信任。

透過上面的分析，我們也就不難明白，如何信任？如何授權了？

主要的方法有以下 6 條：

方法一，大權獨攬，小權分散。被授權對象能負責的才能授權，不能負責的不能授權。責任決定權力，權力也決定了責任。責權統一，當然還有一個是，利。

方法二，有效控制。要有對權力的監督檢查機制，以及對目標的檢查考核機制。如何檢查，需要有制度的規定，包括明查和暗查。獎懲的實行，要遵循公開、公正、公平的原則。

方法三，不干涉被授權對象的具體行為和過程。讓員工有機會自己獨立解決問題，完成工作。給員工發表自己觀點的機會，允許員工犯錯誤，提供員工發展的機會。

方法四，授權有大小。可以對所有人進行授權，但要授予合適的權。否則，可以先不授權。對不合適的人，可以先給予信任，但不用給予責任。

方法五，建立企業內部的權力分配體系。讓負責的人不問責，問責的人不負責。

方法六，詢問不是檢查。詢問是隨時了解工作情況的一種方式，詢問與檢查的區別在於，詢問不產生後果，也不應該生產後果，否則詢問難以進行下去。

老闆需要了解，真正的授權是，理解企業與員工的互賴關係，為員工提供支持，引導員工的意願，發展員工的能力。只有這樣，才能引爆員工的工作熱情。有些管理者，個人能力超強，大小事全部包攬，員工只是成為了機械任務的執行者。這樣做，不斷削減了員工的能力，也打擊了員工的熱情。

海底撈是一家中國知名的連鎖火鍋店，這幾年，在中國興起了一股學習海底撈「變態服務」的現象。所謂的「變態服務」，其實也沒有什麼神奇之處，而是將服務人員和消費者都真正當人看待。

公司創始人張勇認為，服務業強調人與人之間的互動，公司員工的服務決定了顧客滿意度的高低。因此，海底撈對最基層的員工也授權。當品管狀況出現事故時，服務的員工有權根據具體情況，給予客人打折或免費的優惠，當客人提出的要求超出全額免費範圍時，當班主管有權根據情況，給予客人消費兩倍以內的賠償。另外，不論在店內還是店外，當客人需要時，員工都有權根據具體情況，使用 200 元以內的資金給予客人幫助。

當人用心的時候，才能爆發出工作的熱情。如何才能做到讓員工用心？尊重與授權是基礎。

韓國三星集團前總裁李健熙，很懂得如何授權。

1994 年，他將自己的祕書室規模大幅縮小，分設了電子、機械、化學及金融保險四個集團，並分別設立集團總裁，將權力下放給由集團總裁和自己的祕書室主任等七人組成的經營委員會，負責最高的管理決策。

他的授權程序是這樣的：開始時，給予完成任務所需要的指導和支持，以後逐漸減少所給予的指導，這樣經過了一段時間的過渡期，再完全授權。有些老闆也知道授權的重要性，但他們卻總抱怨沒有可用之人。當老闆的需要知道，能力是在實踐中增長的，下屬不能承擔，他們也就永遠沒有提高能力的機會。

授權與分派任務不同。

分派任務只是讓下屬按吩咐去做，下屬在執行的過程中是被動的，而授權是把整件事情委託給他，同時給予對等的權力以便做決定。事情完成，使他獲得成就感。比如，授權某人負責公司型錄的印製，就不必規定過多的細節，而是提出標準或只是提出目標即可，讓他自己去花費心思做選擇和做決定。下屬只有花費了心思，才能提高能力，也只有承擔了責任，才能獲取成就感。

授權的要訣在於：不干預。

干預就會造成進度遲緩，責任轉移，結果不明。如果責任過於重大，不能完全授權，則可以拆分責任，對可授權的部分再進行授權。總之，授權的要訣在於：不干預。授權的法則：責、權、利對等。在底線之上，就可以大膽信任；在底線和上線之上，就可以大膽授權。

3. 責任是背上的猴子

1974 年 11 ～ 12 月號的《哈佛商業評論》刊載了威廉·翁肯（William Oncken, Jr.）的文章《管理時間：誰背著猴子》（*Management Time: Who's Got the Monkey?*）。該文針對管理者經常面臨的「任務逆轉」困境，進行了獨到的分析並提出了有效的解決方案，成為時間管理和授權管理方面的經典文獻。

該文一經刊出，即引起了管理人員的強烈共鳴。近 30 年來，其單行本一直暢銷不衰，成為《哈佛商業評論》最熱銷的重印文獻之一。文中威廉·翁肯用頑皮的猴子比喻日常工作中常見的責任跳動和任務逆轉困境，理論闡述得形象而生動，讓人過目不忘。今天，我們重讀這篇經典文獻，依然能夠給予我們很多啟示。

威廉·翁肯認為，管理者要有效地管理時間，必須了解自己面對的是一個由不同管理時間構成的時間管理體系。文中，威廉·翁肯區分了三類管理時間：

上司占用時間（Boss-imposed Time）：用於完成上司要求的工作。

系統占用時間（System-imposed Time）：用於處理來自同僚的求助。

自身占用時間（Self-imposed Time）：用於處理管理者自己想出或同意做的工作。

其中一部分時間會被下屬占用，稱為下屬占用的時間（Subordinate-imposed Time）；剩下的時間屬於管理者自己，稱為自由支配時間（Discretionary Time）。

面對來自各方面的要求，管理者需要控制好工作內容和時間安排。上司和同僚的要求，顯然不能忽視；這樣自身占用的時間便成了管理者最關心的問題。

翁肯指出：管理者應該盡量減少「自身占用的時間」中處理下屬問題的部分，以此來增加自由支配時間。然後利用增加的自由支配時間更好地處理來自上司和同僚的要求。

翁肯認為：大部分管理者幾乎從未意識到，他們大部分時間都花在了本應該下屬處理的問題上。於是，翁肯用「跳動的猴子」形象地來解釋責任的跳動和任務的逆轉。

翁肯劃分了 5 個級別的主動性工作方式：

1. 等待指令下達（主動性最低）；
2. 主動問做什麼；
3. 提出建議，並就所提建議採取行動；
4. 採取行動，並隨即提出建議；
5. 自己行動，並定期報告（主動性最高）。

翁肯認為，管理者首先必須確保自己工作的主動性，不能採取 1 級和 2 級的工作方式，否則便無法控制工作的內容和時間安排。其次，管理者要培養下屬的主動性，經理要設法取締下屬的 1 級和 2 級的工作方式，使每一個下屬的工作方式都能達到級別 3 以上。

處理來自下屬的問題，為避免讓下屬的猴子跳到自己背上，翁肯還給出了管理者有關「猴子的照料與餵養」的 5 項規則：

1. 若不餵猴子，就把牠殺了，否則他們會餓死，而管理者則要將大量寶貴時間浪費在驗屍或試圖使他們復活上。
2. 要控制猴子的數量在整個團隊力所能及的範圍內。對來自下屬的猴子，管理者要把處理時間控制在每次 5 到 15 分鐘。
3. 只在約定的時間餵猴子。經理無須四處尋找飢餓的猴子，抓到一隻餵一隻。
4. 猴子應面對面或透過電話進行餵養，而不要透過郵件。(如果透過郵件的話，採取下一步行動的將是管理者)。文件處理可能會增加餵養程序，但不能取代餵養。

5. 應確定每隻猴子下次餵養時間和下屬的主動性級別。這可以由管理者和下屬共同修改並達成一致，但不要模糊不清。否則，猴子或者會餓死，或者將最終回到管理者的背上。

第八章
用目標系統，管理底線

企業管理的底線是以客戶價值為核心的全員目標體系。

企業策略規劃，不管是營運策略規劃，關於如何做好現在的事，還是發展策略規劃，關於如何獲得新的成長點，其焦點都在客戶價值的實現。客戶價值是策略的核心，沒有回答「客戶價值是什麼？如何實現客戶價值？」的策略規劃，都是虛策略、假規劃。

做好策略執行的前提，是畫出實現客戶價值的目標底線。這條底線的源頭是客戶價值，將客戶價值的要求轉化為企業的經營目標，再將經營目標向內部傳達到企業的各部門和各職位，從而成為全體員工應達成的底線目標。這條目標底線是強硬的，原因在於不實現客戶價值，企業就不能生存，更談不上發展。

策略管理的問題與對策

企業發展，策略先行。然而，許多企業家或管理者往往對策略的認識不足，認為策略就是一個方向，或者是一個目標，虛無縹渺，與實際工作的關係不大。其實，這種認識是非常片面的。如果說策略的要素有十項，那麼方向和目標只是其中的一項而已，剩下的其實還有九項。而且，這九項還是最關鍵的部分，它們是關於如何按照既定

的方向走，如何實現已定目標的具體規劃。沒有對這九項的規劃，方向和目標都無法實現。由於認識的偏差，所以企業的策略管理往往存在不少問題，主要有四點。

第一，策略工作不實際

企業的策略工作大多集中在集團層面的多元化投資和宏觀研究方面，對實際業務的支持不足。解決這個問題的落腳點在經營層面、業務層面。經營層面也是大多數中小企業所關注的層面。然而，對於經營層面的策略制定和規劃，很多企業都不了解：策略分析到底要分析什麼？獲得什麼結論？策略設計到底要設計些什麼？策略規劃到底要規劃些什麼？對這幾個問題沒有清晰的答案，要讓策略管理產生價值，就非常困難。要做好策略管理工作，也只能是一廂情願。

我曾經在一家產值十幾億元的公司做調查研究，公司董事長提出了宏偉的發展目標，希望產值在未來 5 年翻倍，為此還專門召開了策略研討會。目標是有了，然而在研討會上，公司高層對於「為什麼能實現目標」心裡仍然沒有定見；「對於如何去實現目標」更是思緒萬千，一籌莫展。公司負責做策略規劃的經理，為此專門制定了一份策略規劃。我看過之後發現，檔案內容依然是虛無縹渺，關鍵的問題要不是沒談，要不就是沒有說清楚，無關緊要的東西反而說得太多太雜。公司將基於這份文件再召開一次為期一個星期的策略研討會，不過根據這樣的工作品質，會議只能是浪費公司高層寶貴的時間和精力。

● 第二，認為行銷就是策略

企業為了生存和發展，都普遍認定一個所謂的真理，「一切以市場為導向」。很多企業認為市場就是衣食父母，自己只要「一切以市場為導向」，就能長遠發展。但是，我們還需要認知到，市場是永遠不斷變化的，企業需要適應環境的變化，但如何變？必須要有所選擇。變與不變？如何變？需要根據企業的資源和能力條件進行綜合的分析和判斷，並且，需要符合企業的長遠發展意圖。這需要的是策略管理之道而非市場行銷之術。所以，不能是「一切以市場為導向」，而是要「一切以策略為導向」。

不斷變化的企業往往是效益差的企業。不是本身就沒有一個清晰的市場定位，就是沒有牢牢地占據這個定位，所以就在不斷的變化中尋求生存乃至發展之道。市場的焦點是什麼，這些企業就會想著做什麼，一擁而上，結果是不斷受傷。這不僅是一個產業多元化的問題，還有一個是產品多元化的問題，而且後一個問題更常見。不斷變化的結果是企業無法在持續的經營中，累積自己的核心競爭

力，在任何一個市場都處在一個邊緣狀態。日子過得艱難，也就不奇怪了。

還有一些原本經營得比較好的企業，由於缺乏正確的策略思維，同時也禁不起市場的誘惑，也在不斷的「一切以市場為導向」。結果新業務沒有開展起來，反而由於資源和精力的分散，讓原來的績優業務走上了滑坡之路。縱觀中國企業的發展，我們不難發現，那些各領風騷三、五年的企業，其失敗的根本原因，往往就在於此。站得高才能看得遠，扎得深才能立的住，這才是企業永續的真理。

● 第三，認為目標就是策略

企業往往認為方向和目標就是策略。所以，這些企業的策略，即使有成文的規劃，也大多是假策略，就像在第一條所說的情況。從事管理諮商工作十多年，我見過大量的企業策略規劃。經常發現的情況是，這些所謂的策略規劃，往往就是企業使命、願景、目標以及價值觀的集合，做得好一點的，會有基於總目標的分解目標和細化目標，然而，策略規劃基本也就到此為止，更重要的內容根本就沒有。這樣的策略規劃，往往適得其反，成為了導致企業「大而不強」的幫凶。

其實除了目標之外，策略規劃還要解決兩個問題。

問題一、如何實現目標？

策略規劃的內容包含目標，但更重要的是關於如何實現目標。不管目標有多宏大，我們知道，目標都必須要靠客戶「買單」才能實現。企業的策略規劃，一般應該包含營運策略規劃和發展策略規劃，兩個部分。然而，不管是營運策略，關於如何做好現在的事；還是發展策略，關於如何獲得新的成長，其焦點都在客戶價值的實現。所以，策略的核心是客戶價值，沒有回答「客戶價值是什麼？如何定位客戶價值？」的策略規劃，都是虛策略，假規劃。

問題二、如何實現競爭優勢？

目標的實現必須要有競爭優勢作為保障，這個問題與第一個問題相比，就更基本。所以，策略規劃必須要解決的第二個問題是，如何基於客戶價值，規劃自己的能力平台，構建自己的核心競爭力，以保證客戶價值的實現，同時贏得競爭優勢。這種競爭優勢，如果讓競爭對手想模仿、想替代，都沒有辦法能夠實現，這樣就能實現可持續的競爭優勢，獲得持續的高收益。這才是策略的真諦。

第四，策略得不到執行

策略要實現，就必須得到執行，這是一個常識性的話題。現在企業基本都有這樣的理念，不過理念要落地，則

必須有管理體系作為保障。目前的情況是，很多企業缺乏策略管理的必要技能，導致理念談得很多，但實際情況一直難有真正的突破。目前已經煙消雲散，前幾年管理界談得火熱的「執行」，就是這種情況最真實的寫照。

策略管理技能的缺乏，首先表現在策略執行大多是由想法匯集而成的各自為政的做法，策略是模糊的，因而執行也是混亂的，讓企業的執行力在源頭上已打折扣。主要原因在於很多企業不知道策略設計與策略規劃的區別，認為策略設計完成，策略規劃也就結束。

其實，策略規劃包括兩個部分的工作。

● 第一部分，如何賺錢的策略設計

通常也叫做商業模式設計，這裡面包含策略目標、市場需求定義、客戶價值主張、競爭錯位、營運模式，以及能力平台構建等一系列不可或缺的重點內容。

● 第二部分，如何實現策略設計的策略行動規劃

所謂的策略執行就是採取一系列的行動，以達成策略的目標。策略設計是綱領性文件，策略行動規劃是執行細則。沒有針對行動的規劃，就會導致策略行動缺少統一的協調和配合。企業管理上，資源浪費，執行混亂，內耗過多，原因大多在此。

策略管理技能的缺乏，其次還表現在企業缺乏一套監控執行情況好壞的目標與績效考核體系。這樣一套考核體系需要以客戶價值為源頭，做好三步工作：制定企業的經營目標，分解企業的經營目標和實踐企業的經營目標。透過這三步，讓策略執行不單是成為老闆的或是總經理一個人的工作，而且還是每一位員工的工作。這樣一套體系實際上是一套力量調節系統，將每個人的工作頻率都調整到客戶價值這一個頻道上，進行共振。同時這套考核體系，還需要即時的管理策略行動，讓所有的工作按既定的軌道執行，並針對執行情況，進行績效獎懲，以實現一種「萬眾一心」實現客戶價值的目的。

「聞氏計分卡」應用模型

管理策略執行一般都會用到平衡計分卡（Balanced scorecard）。平衡計分卡享譽無數，被哈佛商業評論為1970年代以來最偉大的管理工具。平衡計分卡的起源和發展與創始人羅伯・柯普朗（Robert Kaplan）與大衛・諾頓（David Norton）在哈佛商業評論上連續發表的多篇文章密切相關。在1990年的第一篇文章發表後，平衡記分卡便得到了企業界以及學術界的廣泛關注，特別是企業界對平衡記分

卡的引入和實踐表現出極大的熱情。柯普朗在實踐中不斷豐富和發展平衡記分卡的內榮，並將實踐的經驗總結為 5 本書，對平衡計分卡的普及造成了巨大的推動作用。

第一本書：1996 年《平衡計分卡一化策略為行動》（*The Balanced scorecard: Translating Strategy into Action*）；

第二本書：2001 年《策略核心組織：以平衡計分卡有效執行企業策略》（*The Strategy-Focused Organization*）；

第三本書：2003 年《策略地圖：串聯組織策略從形成到徹底實施的動態管理工具》（*Strategy Maps: Converting Intangible Assets into Tangible Outcomes*）；

第四本書：2006 年《策略校準：應用平衡計分卡創造組織最佳綜效》（*Alignment: Using the Balanced Scorecard to Create Corporate Synergies*）；

第五本書：2008 年《平衡計分卡戰略實踐》（*The Execution Premium: Linking Strategy to Operations for Competitive Advantage*）。

對這 5 本書進行研究，我們可以發現柯普朗對平衡計分卡的認識也是不斷加深的，從平衡計分卡概念的提出，到具體的操作方法，作者都進行了有益的探索。不過，從本質來看，柯普朗的思想基本還是停留在第一本書已有的框架，後續幾本書在實質上都沒有什麼突破。最後一本書《平衡計分卡戰略實踐》，是作者的最新研究結果。但是，我們還是會非常遺憾地發現，柯普朗所介紹的平衡計分卡設計方法，依舊非常繁瑣而且僵化，同時，柯普朗對一些關鍵環節的應用方法，也一直也沒有給出清楚、明確的答案。相信一般閱讀柯普朗圖書的讀者，在具體方法上都是不得其解，對大量的案例描述都會跳過。這在相當程度上阻礙了平衡計分卡的應用和普及。

企業對平衡計分卡是愛恨交加，愛的是平衡計分卡在理論框架上確實非常吸引人；恨來源於應用平衡計分卡一旦進入到具體的操作環節，就面臨一些關鍵的問題，而不得其解。我認為，柯普朗的平衡計分卡作為一種管理思想是偉大的，劃時代的，但作為一種企業可以實際操作的工具還不完善。仿照書本、死搬硬套的應用平衡計分卡難度很大，其成果也可想而知。而大量照本宣科式的平衡計分卡培訓，更加深了企業的痛苦。

根據管理諮商實踐，同時基於平衡計分卡的管理思想，我開發了一套適用於亞洲企業，更加簡單、直接的平衡計分卡應用模型，叫做「聞氏計分卡」。「聞氏計分卡」是一個工具模型，企業可以直接拿來使用。因為「聞氏計分卡」借鑑了柯普朗的思想，但與柯普朗平衡計分卡的設

計與應用方法，有顯著的不同。

根據柯普朗的闡述，平衡計分卡存在縱向和橫向的兩種因果關係。縱向是大因果關係，這是柯普朗一直強調的，學習與成長推動內部流程，內部流程的改善推動客戶價值的實現，客戶價值的實現推動財務層面業績的達成。橫向是小因果關係，每個層面都有自己的策略行動方案，推動本層面策略目標的達成。這也是柯普朗所建議的，平衡計分卡在每個層面上都需要有領先指標與滯後指標的設計方法。這樣，在一個節點上，就存在兩個因果推動關係。比如，提高客戶滿意度，在客戶層面，橫向上，需要的行動方案是建立客戶關聯資料庫，而在內部流程層面；縱向上，又有一個推動因素，如優化客戶投訴處理流程。這是柯普朗經常列舉的策略地圖模式。

不過稍加分析，我們不難發現，財務層面和客戶層面不可能自己採取行動，所謂財務層面和客戶層面的行動方案，都是在內部流程和學習成長層面發生的。如此大小因果關係構成的平衡計分卡設計思路，在邏輯上本身就比較混亂，同時也將平衡計分卡設計得非常複雜。另外關鍵的一點是用這樣一種邏輯關係設計的平衡計分卡，難於向下分解。而且我認為，這可能就是柯普朗出了五本書，但一直都沒有給出一個清楚、明確的方法，用於分解平衡計分卡的原因所在。

「聞氏計分卡」的結構也是四個層面，即財務、客戶、內部流程和學習與成長。然而，在設計上，只有一個縱向的因果關係。去除了柯普朗所建議的，領先指標與滯後指標的設計方法，將策略行動方案都納入內部流程層面，或是學習與成長層面。只有一個縱向因果關係的好處在於，平衡計分卡的設計邏輯非常清晰，而且後續平衡計分卡的分解也比較容易，如圖 8-1 所示。

財務層面是「聞氏計分卡」的起點。企業經營需要盈利，利潤＝收入－成本，與柯普朗平衡計分卡一樣，「聞氏平衡計分卡」在財務層面關注的是「如何提高收入」和「如何降低成本」這兩個問題。「如何提高收入」和「如何降低成本」是企業的策略重點，這個策略重點的策略目標需要在財務層面得到展現。如何實現這些策略重點，則需要循著因果關係向下分析。

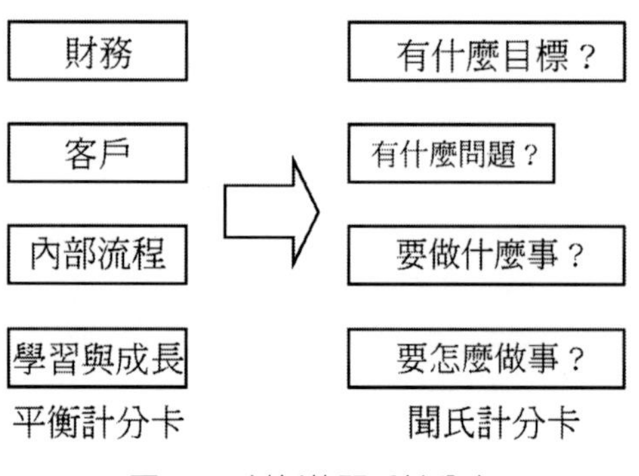

圖 8-1　創新的聞氏計分卡

「如何提高收入」是策略重點之一。在提高收入的目標下，緊接著就需要分析客戶價值，解決影響客戶買單的關鍵問題，這就形成了企業的策略執行主題。「聞氏平衡計分卡」的策略執行主題在客戶層面，而不是在內部流程層面，這是不同於柯普朗平衡計分卡的地方。為什麼在客戶層面？其實不難理解，策略的核心就是創造客戶價值，沒有客戶購買產品和服務，所有的策略都是空的。

策略執行主題與客戶價值的實現緊緊相扣，這樣才能不走偏，也更加直接。

如何實現策略執行主題？這就需要規劃一系列的策略行動方案。每一個策略執行主題的實現，都需要一套行動方案的支撐。這些行動方案是協調一致的，都需要在內部流程層面得到執行。策略行動方案才是策略執行的落腳點。

前文講到，財務層面的策略重點之二是「如何降低成本」，這個目標與客戶價值沒有關係，除非是降低成本是為了降低產品價格，或者是降低產品價格需要降低產品成本。否則，降低的成本就成為企業的利潤。所以，實現這個目標可以直接在內部採取行動，這些行動是在企業的內部流程層面上發生的，落腳點在流程層面而不是財務層面，這是不同於柯普朗平衡計分卡之處。

所以，客戶層面是「聞氏計分卡」的焦點，企業的眼睛需要永遠盯著客戶的價值要求。內部流程層面是「聞氏平衡計分卡」的重點，即企業明瞭客戶的問題所在，就需要在內部制定行動方案，所有的客戶問題，都需要在這直接得到解決。從焦點到重點，就是一個從外到內的轉換過程。

不管是實現客戶價值，從而提高收入，還是降低企業成本，提高產品的競爭力，在企業內部執行行動方案，都需要人來實現。如果說，內部流程層面關注的是「事」，需要解決「要做什麼事」的問題；學習與成長層面需要解決「要怎麼做事」的問題，在這個層面重點關注的是「人」，因為事都是人做的。從事到人，先事後人，因事定人，因人成事，平衡計分卡告訴我們的，是這樣一個管理邏輯。

人的問題就涉及到人力資源的管理，主要是兩點，人力資源的知識技能水準和發揮程度。知識技能的水準關係到人才的招募和培養，然而一群優秀的、受過良好培訓的人才並不能產生預期的業績，所以關鍵的問題是知識技能的發揮程度。知識技能的發揮程度關係到企業內部的組織體系和管理機制，其中的關鍵點是，業務流程的高效，員工的激勵機制，管理者的領導技能，以及企業文化等方面的工作。學習與成長層面是「聞氏平衡計分卡」的基礎，企業要實現策略，最後的落腳點都在這個層面。

以上就是「聞氏計分卡」的應用模型，每個層面之間的關係非常清晰。

「聞氏計分卡」是一個管理工具。我一直認為，應用平衡計分卡，不應該、也不需要有固定的模式，也沒必要說，到底誰對誰錯。判斷「真理」的唯一標準，或是選擇方法的唯一標準，只能是，管理是否有效和簡單。有效才能真正解決問題，簡單才能降低管理的成本。盲目崇拜權威沒有必要，這樣會失去思考的獨立性，妄自尊大也沒有可能，畢竟許多企業目前的管理水準，特別是廣大的中小企業，與領先企業的管理水準還存在不少的差距。所以，應用平衡計分卡的基本原則是一切結合實際。

「5 步二十法」策略執行系統

建立以平衡計分卡為平台的策略執行體系，我開發了一套應用流程，「5 步二十法。」「5 步二十法」是一套以流程和制度為載體，以年度經營目標的制定和執行為主線的策略執行管理體系。前文說道，策略執行＝企業管理＝績效管理，所以「5 步二十法」策略執行管理體系，也可以叫做經營管控體系或是策略績效管理體系。「5 步二十法」是企業管理的「基本法」，是企業總裁、總經理必須親自參與的流程。

「5 步二十法」貫穿了年度目標制定、年度計劃預算以及績效考核管理這三大管理流程的核心，如圖 8-2 所示。透過年度經營目標制定流程，確定策略執行對我們來將，今年應該做什麼？做到什麼程度？透過連結計劃預算管理流程，明確每個部門、每個人應該如何做？以及執行的過程如何控制？最後透過連結績效考核管理流程，明確每個人的貢獻是什麼？以及每個人的回報是什麼？

「5 步二十法」建立的是以平衡計分卡為基礎的經營目標體系。用「企業年度的平衡計分卡」來明確策略目標和控制執行過程，用「部門分級的平衡計分卡」來縱向承接和橫向協調經營目標，再透過將經營目標層層分解和實施到職位，以建立一套內部緊密協調一致的關鍵績效指標考核系統。

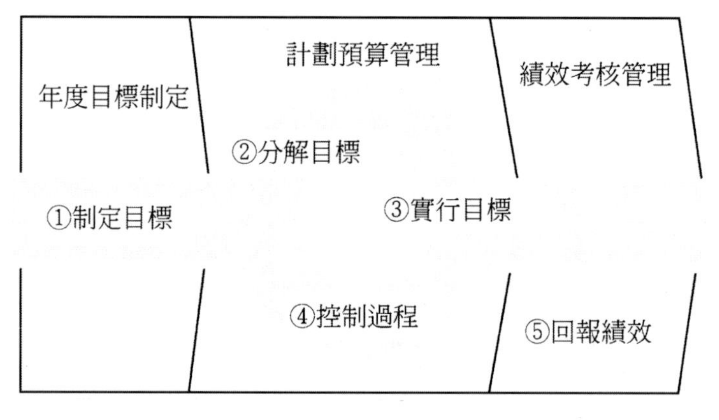

圖 8-2　「5 步二十法」原理

建立這樣一套考核指標系統，用到的就是「5 步二十法」的前三步：第一步，制定目標；第二步，分解目標；第三步，實行目標。透過這三步所建立的績效考核系統，應該像一棵大樹。客戶價值是根，樹的主幹是企業經營目標；大枝芽和小枝芽是部門或小組的目標，樹葉是職位的目標。一棵大樹，雖然枝葉茂盛，層層疊疊，然而經絡分明，疏而不漏。我們建立的績效考核指標系統，也應該是這樣。

績效考核指標系統是企業管理的中心內容。很多企業實行績效管理，但效果令人失望。原因就在於：企業在設計績效考核指標系統時，沒有以客戶價值為導向，同時，對績效考核指標系統的分解，也缺少正確的方法。導致體系的設計，不是設計錯了，就是設計麻煩了！讓績效考核成為雞肋，食之無味，棄之可惜。

應用平衡計分卡，管理策略執行，就是劃出這樣一條底線，讓每個員工都明確自己的底線目標，透過底線的推力，打消底線的重力，讓每位員工都能達到底線。

「5 步二十法」，總共五步，每步主要四個方法，5 乘以 4 等於 20，故稱為「5 步二十法」。「5 步二十法」是一套系統性的管理方案，透過方案的引入、固化和優化，企業將構建扎實的管理平台，形成卓越的組織競爭力。

現介紹一下，「5 步二十法」每步所解決的主要問題。

第一步，制定目標

目前企業的策略執行大多是由想法匯集而成的各自為政的做法，缺少協調一致的行動，策略是模糊的因而執行也是混亂的。確立企業的年度經營目標，就是要明確，對今年來講，策略執行要做什麼和做到什麼程度？以形成高度的思想統一和步調一致。

此步驟透過規劃企業的策略行動，制定以客戶價值為源頭的經營目標體系，讓企業各級管理者能清楚理解並協同執行企業策略，在源頭上確保企業的策略執行力。

第二步，分解目標

88%的總經理對計畫預算不滿。原因在於，計畫缺乏與策略目標的聯繫，預算支出沒有重點，關鍵行動方案得不到資源的保障，制定計畫預算的過程陷入討價還價的漩渦，缺乏創造性和建設性。制定計畫預算過程的無效，還導致下級部門對上級目標的漠視，以及部門之間目標導向上的不協調，在制度上埋下了矛盾和爭執的種子。

本步驟可以建立有建設性的計畫預算過程，透過合理、有效的年度經營目標分解，讓計畫協助目標的實現，讓預算協助計畫的執行，這樣才能讓工作計畫真正圍繞經營目標展開，讓資金預算真正花在刀口上。

需要提醒的是，說起計劃預算，很多管理者往往認為這是財務部門的工作，其實，這是一個誤解。任何部門都需要制定計畫預算，以確保部門目標得以實現，財務部門在這個過程中，只是造成指導和綜合平衡的作用。而且，制定計畫預算，是先有計畫再有預算，這個過程不能顛倒，所以一定是以各業務部門為主體。另外需要說明的是，基於平衡計分卡的計畫預算過程是非常簡單的，一旦掌握方法，就會進一步發現平衡計分卡的奇妙之處。

第三步，實行目標

企業目標不能有效實踐到職位，將會造成的現象就是各級員工「忙、盲、茫」。

第一個是茫然的茫。

員工乃至中高層都不知道策略執行與自己的工作有什麼關係，對自己的工作有什麼要求。導致大家在一起，一談到策略或策略執行，滿臉一片茫然。策略執行需要群策群力，然而，員工的茫然，讓他們寶貴的知識和經驗，在這個過程中都不能得到充分的利用。

第二個是盲目的盲。

員工執行策略沒有自己的目標和動力。沒有清晰的目標，導致各級人員不能發揮工作的主動性和創造性，只能被動的聽命行事。這樣一種工作環境，不僅助長了員工的惰性，而且也萎縮了員工的能力。

第三個是忙亂的忙。

目標的不協調導致內耗過多，領導顧此失彼。企業內部，永遠有大大小小的各式各樣的會議去協調各式各樣的問題。員工不忙是不行的，忙了反而更添亂。公司從上到下的工作，到底有沒有忙在點上，有沒有忙出價值，反而沒有人關心。

員工的「三忙」，導致企業投資換取的人力資源，不能發揮最大的價值，這其實是最大的浪費。如果一家企業一年的人力資源開支是 2,000 萬元，保守猜想，如果能提高 20%的產出率，那麼企業其實就可以獲得 400 萬元的淨利潤，或是降低 400 萬元的人力資源投資。這個估算還沒有計入員工滿意度提升，帶來的離職率降低以及相應的招募費用和培訓費用等等。作為企業的管理者，我們真的必須好好算這筆大帳。

本步驟將透過機制的設計，解決員工努力工作的態度問題；透過考核指標的設計，解決員工工作重點劃分和目標協調的問題，以匯聚和激發每個人的能量。

第四步，控制過程

前面三步解決的問題是，管理策略執行，該「管什麼？」本步驟要解決的問題是，該「如何管？」對這個問題沒有一個答案，將導致策略行動得不到監控，策略規劃成為一紙空文而不能在實踐中得到檢驗和更新。因為，環境越難以預測，就越需要適應環境的靈活性。

本步驟將建立管理策略執行的組織機構，使業績審議的追蹤制度變得健全，形成雙循環的策略性與戰術性控制循環，以有效掌控企業的經營，修練速度、反應和靈活性的管理內功。

第五步，回報績效

獎勵錯方向，一切的努力都是蒼白。貫徹績效回報就是啟動企業的良性發展機制，讓雪球越滾越大。但如何分配利潤，以實行激勵機制的政策導向性？如何計算業績，以謀求企業與員工的可持續發展？這在現實中需要一個有規範的、可持續的解決方案。

本部分流程將建立業績評估與績效兌現機制，制定科學、合理的分配方案。所謂的科學是為了保證企業的可持續發展，所謂的合理是為了保證員工的激勵，以達成企業與員工持續雙贏的發展願景。

第九章
建立「自我」與「大我」

企業管理歸根究柢是對人的管理。人是有思想的動物。表面上看來員工都在做事，但結果卻大不相同。每位員工內心對承諾、對責任、對信任、對尊嚴的不同理解，導致他們採用不同的方式對待管理。於是陽奉陰違，被動敷衍，消極無為，心猿意馬，各種不健康的心態就會出現。

制度管理的重要性已有共識。但有制度不執行，制度執行不確實，這樣的現象卻非常普遍。為什麼？因為制度的執行還是靠人。如果制度所隱含的價值觀不被員工接受，其執行必然走樣。如果管理缺少共同價值觀的支撐，其生命力也不會長久。

為什麼經過多種努力，我們仍不能獲得需要的員工行為？是因為我們沒有認真解讀員工內心的信念。所有外在的強制都是暫時的，只有內在的信念才能長久。建立企業文化，要讓員工從「心」開始轉變，為自己轉變，這樣才能實現真正的轉變。在這個過程中，管理者的職責是，幫助員工建立「自我」是底線，幫助員工建立「大我」是上線，以最終幫助員工實現「自我」。如圖 9-1 所示。

建立「大我」是上線

建立「自我 」是底線

圖 9-1　管理者的職責

我的人生，我不負責

員工為什麼會沒有責任心？

員工為什麼敢沒有責任心？

員工為什麼能沒有責任心？

我們對每一個問題的解答是：得過且過，僥倖心理，沒有差別。這三條原因，我們將它們稱為破壞底線的三大重力。針對這三大原因，我們一對一制定了明確職責、嚴格執行、績效激勵這三大管理措施。我們將它們統稱為，管理底線的三大推力。

三大推力是解決員工沒有責任心的環境因素。透過分析我們發現，得過且過、僥倖心理、沒有差別，這三大重力的背後，都指向員工的一個共同心理，即託付心態。如何解決託付心態？方法是幫助員工「建立自我」，杜絕員工「失去自我」的心態，讓員工首先為自己負責。同時，「建立自我」還將幫助底線的三大推力更好地發揮作用，如圖9-2 所示。

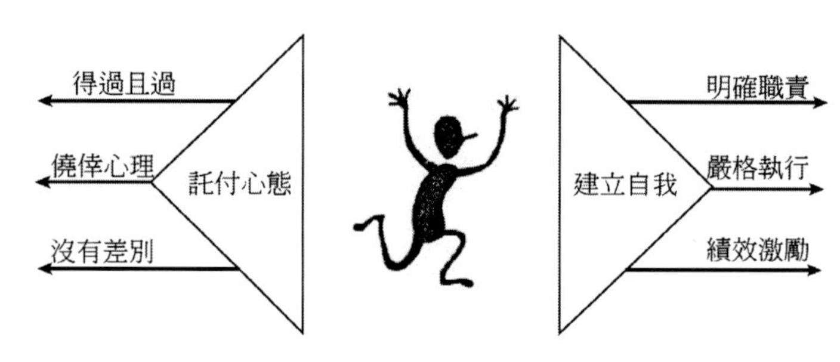

圖 9-2　託付心態與建立自我

1. 託付心態

託付心態是將自己的成功和快樂寄託在別人身上實現。我的人生，我不能負責。我不負責任是別人的錯，我沒有責任心是別人的原因。

託付心態的來源是兒童心理，是一種自我不足的心理。現在許多年輕人，有一批人是生理上雖然成熟了，但心理上、人格上並沒有完全成熟。帶有託付心態的人，不管年齡有多大，經歷有多少，書讀得有多厚，都是一種不成熟的人。

現代社會獨生子女多，這些獨生子女往往是家裡唯一的希望，唯一的歡樂，爸爸、媽媽、爺爺、奶奶、外公、外婆都會無條件地給予愛，無時無刻給予無盡的照顧。愛是偉大的，本身就是無條件的。然而這種愛一旦過度，就

轉化為溺愛。在這樣的成長環境中，一個孩童往往依靠家長獲取自己想要的一切，要求別人對他怎樣，而無需考慮回報，仗著家長的庇護，可以任性和有過分的要求。孩童都是在家庭的養護下成長起來的，對父母的依賴是天然的。不過隨著年齡的增長，能力的增強，這種依賴應該越來越小。過度的溺愛，毒害了孩童的幼小的心靈和尚未成型的性格，讓孩童無法擺脫託付心態。

現在的教育在這方面也沒有為孩子提供更多的幫助。考試體制下的孩子，學習是首要任務，也往往成為了唯一任務。家長、學校都是以成績好壞來評價一個孩子。至於其他，諸如德育、體育等，則無足輕重。至於孩子是否快樂、心理是否陽光、性格是否健康，多是無暇顧及。孩子學習成績好，就能考上好的大學，再找一份好工作，一生平安順利，當然，能飛黃騰達就更不錯。這是許多家長的期望，或許就是潛意識中的規劃。孩子參加各種補習班，無一例外，目的都是為了提高學習成績。孩子參加各種專長培訓班，基本目的也是為了考試升學。

這樣，孩子從小到大，從家庭到學校，所關注的一切都是知識、技能。所學的一切也都是知識、技能，而沒有學習如何做人。讓他們始終難以去除託付心態，不能成人。

長大後，進入社會，參與工作，這些孩子往往以孩童的心態去處理人生的種種情況。懷有託付心態的員工，面對出現的問題，往往會認為原因在別人，是別人的錯，而不是從自己身上找原因。他們心裡往往這樣想：因為工作環境不好，導致我工作提不起勁；因為同事不好，所以我的工作沒有進展；因為主管不重視我，所以我才混日子；因為薪水不高，所以這份工作不值得珍惜。他們認為，只有環境變了，上司變了，同事變了，自己才能積極、認真、負責。

懷有託付心態的員工，往往處在一種抱怨的情緒中。這類員工，往往採取一種消極對話的方式對待工作和生活，以這種方式求得別人的理解、認同和重視。消極對話是一種典型的對自己不負責的表現。他們的動機還是想改變，但是這種心態和行為沒有任何效果。

託付心態往往會演變成一種受害者心理：我是環境的受害者，環境不可改變，我無能為力。他們會為自己的處境尋找各式各樣的理由或解釋。其實他們不知道，自己一旦發生變化，環境就會跟著發生變化。這種受害者心理還是一種弱者心理。自己沒有勇氣發生變化，自己沒有能力發生變化，自己不能戰勝自己。於是只能隨波逐流，放任自己的無為。將自己的命運完全假手於環境。

於此相對應的，是責任者心態。責任者心態是一種強者心態。他們會這樣想：環境既然如此，那我能做什麼？從自己做起，才是最可控的途徑。他們認為自己的轉變，可以帶來環境的轉變。責任者可以看到自己的轉變所帶來的成就，於是欣喜感和成就感油然而生。從小事到大事，從一件事到多件事，責任者不斷看到轉變自己的成效，於是心態一直在正循環中提升，自信心也能得到不斷增強，也就是擁有了所謂的正能量。

假設有一次你去百貨商店，錢包被偷了。你可以感嘆現在人心不古，流動人口太多，人們離家都失去了品德；你可能抱怨這個城市的治安太差，小偷太多，讓人沒有安全感;你還可以投訴說，這家百貨的治安太差，管理不善，讓小偷如此猖獗；你還可能說，現在的社會變化太大，人情冷漠，為什麼就沒有人提醒你？你甚至還可以抱怨，這家店為什麼沒有裝監視器？總之，你可以找到很多的原因，導致你的錢包被偷了。不過所有的原因都是外部的原因，與你無關。我是環境的受害者。

這麼多的原因，當然都是對的。需要引起社會的重視，研究制定解決方法，逐步改善。然而，這些顯然很對的原因，對於你下次錢包被偷，可能都沒有直接的幫助。因為環境的改善有個過程，治安的好轉是一個系統工程。

在寄希望於環境改變的同時，我們是否也需要考慮自己的原因是什麼？自己應該做些什麼？

責任者的心態是這樣的：錢包被偷，作為當事人來講，我的原因在哪裡？我可以控制的因素是那些？分析下來，找到了原因，也制定了對策。第一條，我自己一向很大意，認為像我這樣身強體壯的，小偷肯定不敢下手。看來不怕賊偷，還就怕賊惦記，以後不能再大意；第二條，我總是將錢包放在了褲子屁股口袋裡，這樣太顯眼，讓小偷易發現。今後出門，要換個位置放錢包。第三條，我的錢包放滿了整錢、零錢和各種卡，錢包總是太膨脹，讓小偷覺得有利可圖。以後要降低錢包的厚度，盡量減少現金的數量。這幾條都是向內反省，關注的是我自己可以控制的因素。這樣做了，下次錢包被偷的可能性是不是會大幅降低呢？

所以，責任者遇到問題，他總會問「How（怎麼辦）？」「我如何才能有效地去解決它？」進而拿出行動，問題的解決因此而成為可能。抱怨者遇到問題，他總會說「Why（為什麼會這樣）？」、「我怎麼這麼倒楣？」、「我為什麼這麼不幸？」他會在不斷的沮喪、埋怨中錯失一切解決問題的機會，人生好像註定不幸，而不知道一切都源自自己的內心。生活中，工作中，其實就只有這兩類人，你要做那種人呢？

在工作中，當遇到困難和挫折時，一些人習慣去找很多藉口敷衍別人，為自己開脫，不願承擔責任，把本應自己承擔的責任推卸給別人或找客觀理由，而不是積極地想辦法克服，努力地尋找把事情做好的方法，全力以赴地去工作。這也是一種託付心態。

比如：

「你今天遲到了」——「我昨天感冒了，頭痛得厲害，所以起床晚了。」

「我規定的是下午 5 點鐘完成這份報告，你看現在幾點了？」——「不是我沒準時，老闆，是因為剛剛小王問我一個問題，耽誤了時間。」

「小劉，今天怎麼沒穿正式服裝？」——「我的衣服都洗了，沒乾。」

「這個環境太黑暗了，我沒有關係，又不會拍馬屁，再努力也沒用。」

著名的美國西點軍校有一個久遠的傳統，遇到學長或軍官問話，新生只能有四種回到：「報告長官，是」；「報告長官，不是」；「報告長官，沒有任何藉口」；「報告長官，我不知道」。除此之外，不能多說一個字。新生可能會覺得這個制度很不公平。

例如，軍官問你：「你的腰帶這樣算擦亮了嗎？」你當然希望為自己辯解，如「報告長官，排隊的時候有位同學不小心撞到我，把它弄髒了」。但是，你只能有四種回答，別無選擇，在這種情況下你也許只能說：「報告長官，不是。」如果軍官再問點什麼，唯一適合的回答只有：「報告長官，沒有任何藉口。」

這既是要新生學習如何忍受不公平，更是讓新生學習必須承擔的道理：現在他們只是軍校學生，恪守職責可能只要做到服裝儀容、禮儀等方面的要求，但是日後他們肩負的卻是其他人的生死存亡。因此，從西點軍校出來的學生許多後來都成為傑出將領或商界奇才，不能不說這是「沒有任何藉口」的功勞。

沒有任何藉口的行為要點：

當自己負責的工作出現問題，首先勇於承認錯誤，要學會說：「對不起，我錯了。」

分析錯誤原因。

找出解決問題的方法。

只解決問題，不找任何藉口。

2. 失去自我

託付心態的一種典型表現是失去自我。失去自我是自己不對自己負責，讓自己的目標和行為被外界所主導，內心深處的那個我，對自己的人生已經失去了控制。

來看看下面的故事，看看他們是不是就在你身邊。

王某是一家顧問公司的員工，同事都說他聰明。只要老闆在，王某工作總是很賣力。看到王某這樣，老總很高興，總打算提拔他，讓他獨當一面負責工作。可是，王某的表現卻是裡外不一，認為自己努力工作的表現，只要讓老闆看到，覺得不錯就行了。只要老闆不在，王某就覺得該放鬆了，要不上網聊聊天，要不看看與工作無關的新聞，或是與同事亂聊一通。

好幾次老闆出去，或許是因為忘帶了東西，而殺了個回馬槍，或是因為與客戶商談提前結束，而提早回來，都發現王某不是在上網聊天，就是與同事聊得不亦樂乎。老闆心想，看來王某很不成熟，還需要觀察，提拔的事情也就不了了之了。

王某的表現比較典型。企業員工林林總總，難免有一些員工，會用一種對付老闆的心理，去對待自己的工作。當著老闆的面，工作積極，忠心耿耿，是一位優秀的員工。可是轉過頭，他們便會表現出懈怠、懶惰甚至醜惡的一面。

辦公室還會出現這樣一種場景。公司老闆出差了，這一去就是半個月。於是，辦公室開始發生細微的變化，所有的人似乎都鬆了一口氣。第一天有人開始到處走動，有人開始不時地聊天。過了幾天，大家的話題越來越豐富了。休息室裡有人把喝茶喝咖啡，從以前端一杯就走，變成了坐著慢慢品嘗。

似乎大多數人都為自己調慢了工作的節奏，找到了「不用著急」的理由。再過了幾天，工作開始出現一些混亂。沒有了老闆的督促，有些人的工作總在拖後腿。沒有了統一的安排，工作進度變得十分的緩慢。

為什麼會出現這些現象？

這都是一種失去自我的表現。有些員工在工作的時候，眼睛總是盯著「上面」，心思不是放在工作上，而是放在老闆身上。他們不是想著為自己在做工作，而是想著是在為老闆為公司而工作。

投機取巧是很多人都容易犯的毛病，他們為自己會投機取巧而沾沾自喜。殊不知，這樣只會害了自己。進一步講，制度與考核的管理手段，管控的是員工外在的行為。

如果員工內心深處沒有建立自我負責的意識，那麼，再完善的制度與考核都不能發揮作用。建立管理制度重要，但更重要的是建立員工內心正確的信念。也只有如此，制度才能得到真正的執行。

得過且過、僥倖心理、沒有差別的根源，其實都在託付心態，失去自我。

得過且過，浪費的是自己的青春，失去的是自己成長鍛鍊的機會。你敷衍工作，工作就在敷衍你。責任心是建立能力的基礎，能力都是在不斷地負責任中得到挑戰和提高。沒有責任心，也就看不到自己能力的弱點和差距，還往往自以為是，信心滿滿。擁有了責任心，才擁有了學習成長的目標和動力，才能腳踏實地，一步一步提高自己。無所謂有沒有責任心的人，也就是對自己的未來無所謂的人。

僥倖心理，沒有差別，就更是一種對自己不負責的心理。以為可以做錯了事而不受處罰，認為觸犯了法規，可以有人幫助解脫。將自己的命運交付給別人來負責，失去了對自己人生的主導權。抱著「沒有責任心沒有什麼不好，有責任心沒有什麼好」這樣一種想法，其實是沒有認知到責任心對自己的好。這個與得過且過的情況一樣。

從「心」重新建立責任心

星雲大師有一位徒弟，臺大畢業後，到夏威夷讀碩士，又到耶魯讀博士，花了好多年的時間，終於得到博士學位，非常歡喜。有一天他回來，對星雲說，師父，我現在得到博士學位了，以後要再學習什麼呢？星雲說，學習做人。

1. 人字理論

管理者需要應用「人」字理論，如圖 9-3 所示，需要幫助員工書寫一個大寫的「人」，幫助他們建立自我，杜絕託付心態。

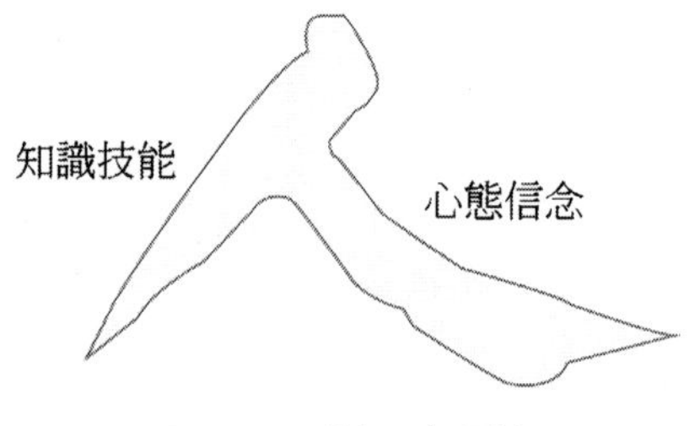

圖 9-3　「人」字理論

人字怎麼寫？太簡單了。左邊是一撇，右邊是一捺，左邊的一撇要長，要大，右邊的一捺要短，要連上那一撇的背，不出頭。一撇一捺要相互支撐在一起。這樣，人字才能立得起來，寫出來的才是一個人字。

人字是這樣寫，其實人也是這樣做。寫一個立得起來人字很容易，做一個立得起來的人不容易。用人字來講做人，對我們很有啟示。

人的左邊一撇，代表的是人的知識、技能。這個是外顯的，看得到、摸得到的，往往還是有證書的。學習好不好，可以看考試成績，證明學生所擁有的知識水準。畢業生優不優秀，可以看他從哪個大學畢業。員工能不能錄用，我們往往考察的，也是這位員工的知識、技能，看能不能勝任工作。知識、技能是外顯的，可以衡量的，也是能直接帶來結果的。所以，大家都非常重視。

人的右邊一捺，代表的是人的心態和信念。這個是內隱的，往往並不容易被看見，也往往難以考量。一個人外在的知識、技能要能發揮價值，就需要得到內部心態、信念的支撐。心態、信念對知識、技能的支撐力度越強，知識、技能就越能發揮作用。一個人，只有心態、信念與知識、技能的全面、綜合、協調發展，兩者相互支撐，才能讓一個人立得起來，也才能讓一個人實現人生的價值。

但是內隱的心態、信念，我們往往忽略它，甚至認為不重要。以至我們不斷加強知識、技能的學習，而放棄了對心態、信念的培養。從而讓這一撇發展的很長、很大、很粗，而讓這一捺萎縮得很短、很小、很細。最後讓人的這一捺不能支撐這一撇。人發展成為一個思想有殘疾的人。人不能自立，人的人生價值也無從被實現。

深層次的心態信念將決定淺層次知識技能的發揮。個人如果自身的心態和信念不做出改變，一個人想充分發揮自己的知識技能，獲得事業和人生的成功幾乎是不可能的。所以這個層面的問題就更加重要。

我們可以看到，人的問題分屬不同層面，需要不同的解決方案。對於淺層次的知識和技能問題，我們可以透過引入技能類培訓課程短期內加以提升。而對於深層次的心態和信念，則必須引入直指人心的培訓課程，透過外部引導與個人感悟相結合而獲得解決。

託付心態、抱怨者心態、受害者心態，其實都是員工在心態、信念方面出現了問題。建立員工的自我，就要讓人的這一捺健康的發展起來，在員工的內心深處建立自我負責的意識。道理很簡單，自我負責是建立責任心的起點，員工能對自己負責，才能對別人負責。如果一個人都不能對自己負責，又怎麼可能對別人負責？

管理者的責任，是重建員工的商業人格和職業信念，讓每個人看到自己的認知盲點，樹立自我負責的意識，從而不再找藉口，不推卸責任，工作積極主動，勇於承諾，真心付出。只有這樣，才能有從根本性上改變管理局面的可能。

易中天老師是我崇拜的一位學者。有學問、有個性、不賣弄。關於自我，老先生寫下了一段經典的話語，在這裡與讀者共勉，也算是表達我同樣的觀念。

「自我的喪失，必然伴隨著道德的淪喪。因為真正的道德，必須也只能建立在自我意識的基礎上。一個連自己都不愛的人，怎麼可能愛別人、愛社會、愛國家？如果自己對自己都不明不白，又怎麼可能『己欲立而立人，己欲達而達人』？事實上，老吾老，才能『以及人之老』；幼吾幼，才能『以及人之幼』。同樣，也只有首先弄清楚什麼是『己所不欲』，才知道什麼該『勿施於人』。自我，豈能喪失？」

親愛的讀者，你覺得這段話寫得好不好？

科學家做過這樣一個實驗。巨大的鐵絲網裡關著一家狼，公狼、母狼和小狼。實驗一開始，科學家們首先把公狼放了出去，母狼和小狼仍然囚禁著。在此後的兩個月內，時常看到公狼在鐵絲網的外圍徘徊，它皮包骨頭，精神委頓，有氣無力。

按實驗的原計劃，下一步應該把小狼也放出去。然而幾位科學家對這個問題產生了分歧，很多人主張不要放走小狼，因為公狼的狀態看起來很不好，恐怕活不了幾天了，小狼交給公狼，弄不好「兩狼俱損」，實驗的前期投入也將付之東流。

但主導這個實驗的科學家卻堅持把小狼放走，他相信，實驗的結果會印證他原先的預想。於是小狼被放到鐵絲網外，此後的一段時間內，公狼和小狼消失在人們的視野中。終於有一天，公狼帶著小狼又回來了，兩隻狼都很健壯，毛色油亮。原來，公狼承擔了哺育小狼的責任，便一下子打起了精神，積極地捕獵食物，所以兩隻狼的健康都改善了。但它們仍然惦記著母狼，所以總待在鐵絲網周圍，不肯遠走。

最後，科學家們把母狼也放了。從此，三隻狼再也沒了蹤影。

這個實驗告訴我們一個原則：活力來自於責任。不僅動物如此，人類也是如此。人性是複雜的，人的本能有雙重性。逃避責任是一種本能，擁抱責任也是一種本能。因而，關鍵的問題是，我們每個人面對責任，是做強者的選擇，還是做弱者的選擇。

面對責任，有的人選擇逃避責任。他們感到的是強大的壓力，心理上無法承受，以至於手足無措，無所事事，為害怕負責而唯唯諾諾，固步自封。其實，責任永遠也逃避不了，它會在內心深處，無時無刻地折磨著你。而另一種人，卻選擇擁抱責任。將責任轉化為一種激發活力、喚醒潛能的動力。這就不難解釋，為什麼成功者，總是那些積極承擔責任、勇於挑戰困難的人了。

2. 行有不得，反求諸己

人貴自立，自立必先能自強。勿依賴人，勿強求人，他人無論親疏，皆不可依賴。

—— 禪語

兩個不如意的年輕人，一起去拜訪師父，問道：「我們在公司總是被老闆罵，師父，請您指點迷津，我們是不是該辭掉工作？」師父閉著眼睛，隔半天，吐出五個字：「不過一碗飯。」然後就揮揮手，示意讓兩個年輕人退下。

兩個人一路上各有各的心思，都在回味師傅說的話。回到公司，其中一個人就馬上遞了辭呈，毅然決然地回家種田去了。另一個什麼也沒做，留在了公司繼續工作。

日子過得很快。轉眼間，十年過去了。回家種田的那一位，以現代方法經營，加上學習品種改良技術，成為了富裕的農業專家。另一個留在公司的，努力工作和學習，漸漸也受到了上司的認可和器重，成為了獨當一面的經理。

有一天，兩個人又相約見面。談起當年的訣別，感慨萬千。

農業專家問那位經理：「奇怪，師父開導我們『不過一碗飯』。我想，不就是一碗飯，何必一定要在公司上班？於是堅決辭職。你當時怎麼想的呢？」

那經理笑道：「師父說『不過一碗飯』，我就想，出來工作就是為了吃飯，少計較點，多努點力，不就行了。師父不就是這個意思嗎？」

兩個人又去拜訪師父，師父已經很老了，仍然閉著眼睛，隔半天，答了五個字：「不過一念間。」然後揮揮手……

很多事，確實是一念之間。起什麼心？動什麼念？關鍵是看，從那一面看問題和想問題。將自己看作是強者，就會有強者的念頭和行動，將自己看作弱者，就會有弱者的念頭和行動；每個人命運的起點，都在這一念之間，結果因此而天差地別。

親愛的讀者，你會怎麼看呢？

一個生活平庸的人帶著對命運的疑問去問禪師：「您說真的有命運嗎？」「有。」禪師回答道。

這個人緊張起來，趕緊問到：「那您看，我命中是不是注定窮困一生？」禪師就讓他伸出他的左手，指給他看說：「這是你的愛情線，這是你的事業線，這是你的生命線。」

然後禪師讓他握緊拳頭，這人將手慢慢地握起來，握得緊緊的。

禪師問：「你說這幾根線在哪裡？」

「在我的手裡啊。」

那人恍然大悟，原來命運就在自己手裡。

有這樣一個小故事。

一天，一個爸爸帶著孩子去一座剛落成不久的大佛像遊玩。大佛像非常宏偉，讓人只能仰望。

突然，孩子指著大佛像說：「爸爸，大佛的頭上有避雷針。」

「是嗎？」爸爸順著孩子的手指看去，確實看到大佛像的頭上有一個避雷針。

大佛很高，不注意的話很難發現。

孩子問道：「大佛的頭上為什麼要裝避雷針呢？」

爸爸答道：「因為大佛也怕被雷打中呀！」

孩子說：「佛不是保佑我們的嗎？為什麼也怕被雷打？」

爸爸一時說不出話來，心想：「佛像自身都不能保全安危，又怎麼能庇護我們這些肉身呢？」

《六祖壇經・疑問品第三》開篇第一句，就是「心平何勞持戒？行直何用修禪？」這可真是一針見血。自己立得住，又何必到外面去找寄託呢？

還有一個小故事。

佛印禪師和蘇東坡是至交，經常一起參禪論道、遊山玩水。一天，他們出遊路過天竺寺，便進去參禮。當他們禮拜完畢後，蘇東坡看著千手觀音菩薩手持的念珠，就問道：「禪師，觀音既是菩薩，為什麼還要數手裡的那串念珠呢？」

禪師答道：「她像凡夫一樣，也在禱告啊！」

蘇東坡不解地問道：「她向誰禱告呢？」

禪師笑答：「咦，她向觀音菩薩禱告呀！」

東坡又追問道：「她自己既然是觀音菩薩，為什麼要向自己禱告呢？」佛印不禁笑笑，說道：「求人不如求己嘛！」

兩人同聲哈哈大笑起來。

佛的智慧講：行有不得，反求諸己，求人不如求己。

這些話，其實說的都是這樣一個道理，我才是一切的根源。與其埋怨別人，不如埋怨自己。埋怨自己的人，是承擔責任的強者。因為只有這樣，問題才能得到改善和解決。埋怨別人的人，是逃避責任的弱者。因為問題永遠需要得到別人的幫助才能得到解決。

人生價值＝信任 × 能力

為什麼有一部分員工，會止步於責任心，而不再有上進心呢？根據我們的分析，原因主要有這樣三條：迴避風險、缺少自信和沒有情緒。我們將這三條統稱為破壞上線的三大重力。如何促進員工的上進心？針對每項原因，我們的具體措施是允許失敗、建立信心和引爆熱情。我們將它們統稱為領導上線的三大推力。

三大推力是解決員工沒有上進心的外部因素。透過深入分析，我們發現，迴避風險、缺少自信和沒有情緒這三大重力的背後，都反映了員工的一個共同心理，即打工心態。如何解決員工的打工心態？我們的方法是幫助員工「建立大我」，關鍵是解決員工的「身分」。同時，「建立大我」還將幫助上線的三大推力更好地發揮作用，如圖 9-4 所示。

有這樣一個案例。

一位朋友想買一臺筆記型電腦，於是瀏覽了某品牌的網站，看中了一款價格 25,000 元的電腦。之後，朋友便去賣場的該品牌櫃位了解情況，發現標價卻是 29,000 元。

朋友就問年輕的店員：「你們網路上的價格是 25,000 元，這裡是 29,000 元，能優惠嗎？」

店員答道：「對不起，沒有優惠，但可以送一臺噴墨印表機。」

「哦，我已經有印表機了。不要印表機，能優惠多少？」

「2,000 元。」

「那你們的價格還是比網路上貴啊！」朋友有些激動。

「這我不知道，反正不能再優惠了。」店員頭也不抬，說道：「我也沒辦法，我只是個領薪水的。」

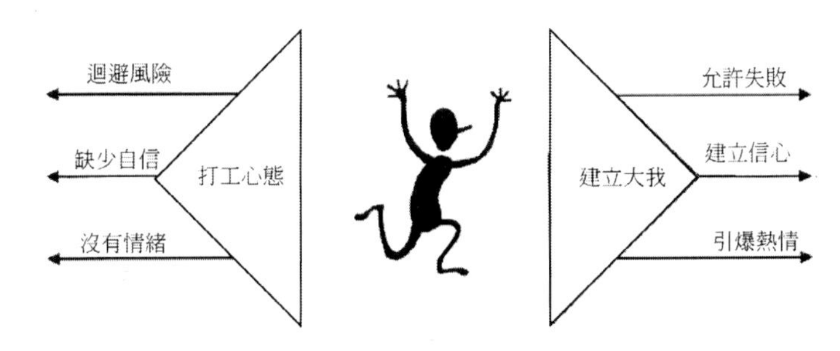

圖 9-4　打工心態與建立大我

在職場上，類似「我只是個領薪水的」心態並不少見，這些人往往只願做自己份內的工作，對自認為份外的事，不聞不問，也不願意承擔。把自己定位於「領薪水」的，會不自覺地降低對自己工作的要求，缺乏工作的主動性和積極性，從而使自己失去發展甚至工作的機會。

在現實生活中，有些人就是這樣想的：我為公司做事，公司付我薪水，等價交換，僅此而已；我是為別人工作，工作是為老闆負責，對得起薪資就可以了。於是這些人，就止步於責任心，不再追求上進心。這種心態，我們叫做只有自我，只有小我，而沒有大我。

打工心態，也是一種典型的「聰明人」心理，遺憾的是缺少智慧。「聰明人」是只能用眼睛看到，用耳朵聽到，各種的現實利益。他們的聰明，只是表現在眼睛比別人更明銳，耳朵比別人更敏銳。然而，聰明往往被聰明誤。他們不能用心去感受到，表面利益背後的深層次利益，不能用心去看到，現實利益背後的長遠利益。

所以，「聰明人」會有責任心，會為自己負責，因為不為自己負責，就沒有未來。這是「聰明人」所不願獲得的結局。然而，他們卻不會追求上進心，認為盡心盡責不過是傻子的行為。心想：這可不是我們聰明人要乾的。

其實，他們沒有看到，所有的責任心，所有的上進心，表面上看起來是為別人，在為別人付出，其實根本上都是為自己，在不停地為自己收穫。因為，責任心創造個人價值，而上進心創造更多的個人價值。最終，建立的是一個企業與自己雙贏的局面。

責任心如何創造價值？

責任心一方面可以塑造能力，因為有責任心，才會用心將工作做好。能力不夠，也會因為責任心的驅使，能夠因為不斷學習和淬鍊而得到增長。另一方面，可以建立信任。信任就會擁有更多的機會，也會帶來更大的事業平台。一個人所能創造的價值，取決於在什麼平台上，擁有什麼能力，做成什麼事情。

價值創造＝事業平台 × 個人能力。相對應地，個人所創造的價值＝個人價值，你的收入會與你所創造的價值同步增長。這就是責任心創造價值的原理。

在這樣一個價值創造的過程中，每個人所走的路徑不一樣。

忠誠路線是信任大於能力，依靠忠誠而獲取更大的事業平台，但是能力會成為弱點，影響最大價值的創造。

能力路線是能力大於信任，企業用的更多的是他的能力，而信任會欠缺，這也影響了能力的發揮和最大價值的創造。

平衡路線是能力與信任協調發展，這種模式下，個人可以創造的價值得到最大程度的提高，是一種最理想的發展模式。

上進心與責任心創造價值的原理一致。不過上進心，可以大大延伸個人創造價值的半徑，因為上進心可以鍛鍊更強的能力，也可以獲取更多的信任，也因此可以創造更大的價值，贏得個人事業與企業事業同步發展的結果。

所以，心態不同，結果也就不同。責任心是一種自我心態，小我心態，對工作的態度是守職守責。上進心是一種大我心態，願意將個人的發展融入到企業的發展之中，對工作的態度是盡職盡責。在競爭激烈的職場，擁有責任心只可以帶來工作，擁有上進心才能帶來成功。

其實，上進心不是負責任，而是盡義務。從個人發展前途的角度來看，在工作之中，如果碰到一些自己職責範圍外的事，也不要做一位置身事外的「旁觀者」，儘管沒有職責要求，也要盡好做員工的義務。

有一位年輕的工程師，在一家跨國公司工作。有一天早上，他到一家電器城去購買家電。正當他在挑選的時候，無意中聽到有人跟店員抱怨，他所在的公司服務差極了。那個人越說越起勁，結果有八九個人都圍過來聽他講。

當時他正在休假，老婆還在等他回家，他大可以視若無睹。可是這位工程師卻走上前去說道：「先生，我聽到了您的話，我就在這家公司工作。很抱歉，你願意給我一個機會，解決這個問題嗎？」

圍觀的顧客都非常驚訝。工程師掏出手機，打了個電話回公司，公司立即派出修理人員到那位顧客家中，幫他把問題解決，直到他心滿意足。後來，工程師回去上班後，還打了個電話給那位顧客，確定他對一切都滿意。

佛教創始人釋迦牟尼曾問他的弟子：「一滴水怎樣才不會乾涸？」他的弟子們面面相覷，無法回答。

釋迦牟尼說：「把它放入大海。」

那麼人呢？

多做一點，為別人，也為自己

記得看過這樣一個故事。兩個同齡的年輕人，一個叫阿諾，一個叫布魯諾，同時受僱於一家店鋪，並且拿同樣的薪水。可是一段時間後，阿諾青雲直上，而布魯諾還在原地踏步。布魯諾很不滿意老闆的差別待遇，就去找老闆理論。老闆沒有說話，只是讓他到市場去看看早上有什麼賣的。

布魯諾從菜市場回來說只有一個農民拉了一車馬鈴薯在賣。老闆又問有多少。布魯諾又戴上帽子跑到市場上去問了一下共四十袋。老闆又問價格是多少。布魯諾第三次跑去了市場。

回來後，老闆讓他看看阿諾是怎樣做的。阿諾很快從市場回來，並且向老闆報告現在為止只有一個農民在賣馬鈴薯，一共四十袋，價格是多少，馬鈴薯品質很不錯，他帶回來一個讓老闆看看。這個農民一個小時以後還會帶來幾箱番茄，據他看價格非常公道。昨天他們鋪子的番茄賣得很快，庫存已經不多了。他想這麼便宜的番茄，老闆肯定會想要進一些的，所以他又帶回了個番茄的樣品。

這個時候，老闆轉向布魯諾說：「現在你肯定知道，為什麼阿諾的薪水比你高了吧？」

作為一名員工，你沒有責任做自己職責範圍外的事，但是你可以選擇義務地去做，自願去做。想要成功，守職守責是不夠的，還需要盡職盡責。在自己份內的職責之外「多做一點」，為超越別人對自己的期待「多做一點」，你才能成功。

為什麼應該養成「多做一點」的好習慣，其中二個原因是最主要的：

第一，建立了「多做一點」的習慣後，使你無論從事什麼行業，都會有更多的人會依賴你。無論是管理者，還是普通員工，「多做一點」的工作態度，能使你從競爭中脫穎而出。讓你的老闆或上司更加關注你、信賴你，從而給你更多的機會。

第二，付出多少，得到多少，這是一個眾所周知的因果法則。「多做一點」，也許你的投入無法立刻得到相應的回報，但回報可能在不經意間以出人意料的方式出現。回報可能來自老闆，也可能來自他人，以一種間接的方式來出現。

第三，想成為一名成功人士，必須樹立終身學習的觀念，不斷鍛鍊自己的能力。一些看似無關的知識和能力，往往對未來會產生巨大的作用。「多做一點」，能提供這樣

的鍛鍊機會和學習機會。盡義務，不僅是為別人，還可以為自己，這是一種雙贏的做法。

如果不是你的工作，而你做了，這就是機會。有人曾經研究，為什麼當機會來臨時，我們無法確認？因為機會總是喬裝成「問題」的樣子。當顧客、同事或者老闆交給你某個難題，也許正為你創造了一個珍貴的機會。對於一個優秀的員工而言，公司的組織結構如何，誰該為此問題負責，誰應該具體完成這一任務，都不是最重要的，在他心目中唯一的想法就是如何將問題解決。不要總是以「這不是我份內的工作」為由來逃避責任。當額外的工作分配到你頭上時，不妨視之為一種機遇。

網路上流傳這樣一個故事，讀來覺得頗有啟發性。

一天，一個小和尚跑過來，請教禪師：「師父，我人生的價值是什麼呢？」禪師說：「你到後花園搬一塊大石頭，拿到菜市場上去賣，假如有人詢問價格，你不要講話，只伸出兩根手指；假如他跟你殺價，你不要賣，抱回來，師父告訴你，你人生的價值是什麼。」

第二天一大早，小和尚抱著一塊大石頭，到菜市場上去賣。菜市場上人來人往，人們很好奇，一家庭主婦走了過來，問：「石頭賣多少錢呀？」和尚伸出了兩根手指，主婦說：「2 塊錢？」和尚搖搖頭，家庭主婦說：「那麼是 20 元？好吧，好吧！我剛好拿回去壓酸菜。」小和尚聽到:「我的媽呀，一文不值的石頭居然有人出 20 元錢來買！我們山上到處都是！」

於是，小和尚沒有賣，樂呵呵地去見師父：「師父，今天有一個家庭主婦願意出 20 塊買我的石頭。師父，您現在可以告訴我，我人生的價值是什麼了嗎？」禪師說：「嗯，不急，你明天一早，再把這塊石頭拿到博物館去，假如有人問價格，你依然伸出兩個手指頭；如果他殺價，你不要賣，再抱回來，我們再談。」

第二天早上，在博物館裡，一群好奇的人圍觀，竊竊私語：「一塊普通的石頭，有什麼價值擺在博物館裡呢？」「既然這塊石頭擺在博物館裡，那一定有它的價值，只是我們還不知道而已。」這時，有一個人從人群中竄出來，對著小和尚大聲說：「小和尚，你這塊石頭多少錢啊？」小和尚沒出聲，伸出兩手指，那個人說：「200 元？」小和尚搖了搖頭，那個人說：「2,000 元就 2,000 元吧，剛好我要用它雕刻一尊神像。」小和尚聽到這裡，倒退了一步，非常驚訝！

他依然遵照師傅的囑託，把這塊石頭抱回了山上，去見師傅：「師傅，今天有人要出 2,000 元買我這塊石頭，這

回您總要告訴我，我人生的價值是什麼了吧？」禪師哈哈大笑說：「你明天再把這塊石頭拿到古董店去賣，照例有人殺價，你就把它抱回來。這一次，師傅一定告訴你，你人生的價值是什麼。」

第三天一早，小和尚又抱著大石頭來到古董店，依然有一些人圍觀，有一些人談論：「這是什麼石頭啊？在哪裡來的呢？是多久之前的呀？是做什麼用的呢？」終於有一個人過來問價：「小和尚，你這塊石頭多少錢啊？」小和尚依然不聲不語，伸出了兩根手指。「20,000 元？」小和尚睜大眼睛，張大嘴巴，驚訝地大叫一聲：「啊？！」那位客人以為自己出價太低，氣壞了小和尚，立刻糾正說：「不！不！不！我說錯了，我是要給你 200,000 元！」「200,000 元！」小和尚聽到這裡，立刻抱起石頭，飛奔回山，氣喘吁吁地對師父說：「師父，師父，這下發財了，今天的施主出價 200,000 元！現在您可以告訴我，我人生的價值了吧？」

禪師摸摸小和尚的頭，慈愛地說：「孩子啊，你人生的價值就好像這塊石頭，如果你把自己擺在菜市場上，你就只值 20 元；如果你把自己擺在博物館裡，你就值 2,000 元；如果你把自己擺在古董店裡，你值 200,000 元！平台不同，定位不同，人生的價值就會截然不同！」

這個故事是否啟發了你對自己人生的思考？你將如何

定位自己的人生呢？你準備把自己擺在怎樣的人生拍賣場去拍賣呢？你要為自己尋找一個怎樣的人生舞台呢？只有自己才能決定自己的價值，沒有人能夠對你的人生下任何的定義。你對自己怎麼定位，你選擇怎樣的道路，將決定你擁有怎樣的價值，也將決定你會擁有怎樣的人生。

第十章
用信念系統，領導上線

一把堅實的大鎖掛在大門上，一根鐵桿費了九牛二虎之力，還是無法將它撬開。鑰匙來了，它瘦小的身子鑽進鎖孔，只輕輕一轉，大鎖就「啪」地一聲開啟了。鐵桿奇怪地問：「為什麼我費了這麼大的力氣也打不開，而你卻輕而易舉地就把它開啟了呢？」鑰匙說：「因為我最了解他的心。」

每個人的心，都像上了鎖的大門，就算你用再粗的鐵棒也撬不開。唯有將自己變成一把鑰匙，進入別人的心中，了解別人，才能開啟他的內心。

血戰松山的震撼

松山在雲南的西部，靠近中緬邊界，滇緬公路繞著松山盤了大概有四公里。占據了松山等於是切斷了滇緬公路，而滇緬公路是當時重慶與外界的唯一道路。在占領了整個滇西以後，日本軍隊馬上就發現了松山的重要策略意義。松山，由此成為了日軍掐住國民政府的咽喉要地。

此刻的中國已經進入救亡圖存的危急時刻。滇緬公路的陷落，導致中國的物資補給只能完全依靠空中運輸，代價異常高昂。與此同時，整個二戰版圖中，東南亞趨勢也日趨惡化。為了打通中印陸路交通線，1942 年 7 月，美國提出了一個反攻緬甸的作戰計劃，即在印度組建中國駐印軍，以收復緬北為目的，在雲南再次組建中國遠征軍，以收復滇西為目的，戰爭同時進行，最終兩軍會師貫通中印公路。松山，由此也成為中國遠征軍進行策略反擊的第一戰。

1944 年 5 月到 9 月，中國遠征軍就在這與日本打了一場血戰。這一仗日本人 1300 多人無一生還。在日本的詞裡叫玉碎。整個日本軍隊在二戰的亞洲戰場上只有過三回玉碎之戰，而這個松山之戰是其中之一，而且是其中的第一次。日本人叫玉碎，中國人叫勝利、慘勝，遠征軍先後發動 10 次攻擊，小的戰役無數，全殲守敵，傷亡了中國遠征軍 7763 人。平均下來，要打死一個日本兵就得付出 6.2 個中國兵的代價。

這一場異常慘烈的血戰，是日本守軍在沒有援軍，也不可能有援軍的情況下，一場持續三個月的孤軍奮戰。當時的日本，已在二戰中從策略攻勢轉入守勢，挑起戰爭的東條英機內閣已經垮台。這些被綁在戰車上的日軍士兵都意識到了末日即將來臨，只是不知道命運所安排的歸宿。那麼，是什麼讓這些日本兵能如此頑抗呢？

我們先看這樣幾個細節：

從日軍 1942 年 5 月占領松山，到 1944 年 5 月松山戰役開始，中間兩年的時間，擔負松山守備任務的日本拉孟守備隊，唯一的任務就是不斷修建松山的防禦工事。實驗表明，數枚 500 鎊的重型炸彈直接命中，防禦工事內部也沒有受到損害。另外，每個堡壘的機槍火力均可指向四周，以不使本陣地有任何缺口，而相鄰的幾個陣地之間的火力，則互為側防協防，徹底消滅彼此的火力死角，讓攻擊人員沒法靠近它。

7 月底松山戰役陷入僵局。從 7 月 27 日起，拉孟守備隊開始收到日軍各級司令紛至沓來的嘉獎電報。同時，守備隊收到了一封密電，要求考慮最壞的情況，在事前要盡快將軍旗燒掉，將旗冠深深埋入地下。在日本軍隊中，軍旗為天皇親手授予，軍旗在，則編制在；軍旗丟，則編制裁。當判斷戰局有全軍覆沒危險時，應奉燒軍旗。日本的軍旗，是日本軍國主義精神的最高的一個物化形式，它在日軍心目中的分量無可比擬。

1944 年 8 月 5 號，中國遠征軍一個砲彈炸了日軍一個小隊長。這小隊長倒在一小兵的懷裡喃喃了一句話，死了。後來這小兵回憶說小隊長最後所言是天皇陛下萬歲，不過不確定，也可能喊的是媽媽。日本人品野實寫的松山戰役一書《中日拉孟決戰揭密：異國的鬼》，裡面用大量的篇幅就想要弄清楚這個問題：他到底臨死前喊的是天皇，還是他娘，日本兵在最後的一剎那，心裡是天皇大呢，還是本能大。

據《第 8 軍松山圍攻戰史》記載，敵士兵戰鬥意志之頑強，雖陣地粉碎，僅餘一個人仍拚死頑抗，不死不休。中國軍非將其悉數戰殺無餘，才能稱占領該陣地。根據《中日拉孟決戰揭密：異國的鬼》的記載，當時松山日軍在最後時刻是這等情況：子高地被占領後，主陣地被分割為南北兩塊，士兵無日無夜在戰壕裡嚼著沾滿泥土的草，勉強填飽肚子後繼續戰鬥，……守兵一隻手一隻腳者，大部分都在死守戰鬥，……

8 月 30 日，日軍只剩下了松山黃土坡、馬鹿塘以及黃家水井方圓大約 500 平方公尺的堡壘群，雙方依然激戰。也就在這一天，拉孟守備隊向第 56 師團司令部發出了一份請求增援的第 540 號電報，這是 6 月 4 日開戰以來松山日軍第一次向師團發出請求救援的電報，就在這最後時刻他們仍然選擇死戰到底。

是什麼讓這些日本兵如此頑抗？

是物質，還是精神？答案顯然不是物質。

什麼是思想？如何領導思想？

管理者需要領導思想，那麼，什麼是思想？思想就是信念系統。信念系統是指一個人信念、價值觀和規則的組合。我們經常提到的態度，不過是信念、價值觀和規則的外殼，也就是信念系統的外殼。我們經常提到的心態，不過就是思想和態度的結合。

思想是「心」，態度是「態」，思想＋態度＝心態。

態度是外顯的，思想是內隱的，態度是思想的晴雨表，態度往往取決於思想，思想是態度的根源，是態度的原因。所以，心態決定一切，重點不是在「態」，而是在「心」，管人要管心，這顆「心」簡單講，就是這個人的信念系統。

管理者領導思想，就需要了解並且管理員工的信念、價值觀和規則，這是管理者實現有效領導的重點。員工的信念、價值觀和規則是領導思想的「抓手」，只有深刻地了解了員工的信念、價值觀和規則，才有可能管理員工的信念、價值觀和規則，從而領導思想。

那麼，什麼是信念、價值觀和規則？

所謂的信念是，你相信什麼？

所謂的價值觀，你在意什麼？你看重什麼？價值觀是一種特殊類型的信念。所謂的規則，事情應該怎麼做？規則為價值觀和信念服務，換言之，事情應該怎麼做，才能取得價值，實現信念。

信念系統非常龐大，每個人都有成千上萬條信念、價值觀和規則。它們無時無刻發揮著作用，影響著我們的思維、言行和舉止。比如，你想現在正在看這本書，你的信念是什麼？認為讀這本事對自己的工作有幫助，對嗎？那麼，你的價值觀又是什麼？你看重的是內容的實用性，是嗎？再來，你的規則又是什麼？讀書應該多思考，才有幫助，這回猜對沒有？

人不可能擺脫信念系統的影響，它們存在於人類大腦的潛意識中。在人的日常生活中，意識可以管理潛意識，但絕大部分時候，我們都被自己的潛意識所左右。人的一生，幸福、痛苦、快樂、憂傷、成功、失敗、激情、壓抑、積極、頹廢，所有的這些情感，都是信念系統在發揮著作用。人的一生，所有的選擇，也都是取決於信心系統。

簡單舉幾個例子，讀者自己馬上就可以舉一反三。

· 一位家庭主婦的信念系統

價值觀：家庭很重要；

信念：有丈夫、孩子的女人才幸福，家庭是女人的歸屬；

規則：相夫教子。

· 一位事業男人的信念系統

價值觀：事業成功是人生的意義；

信念：沒有事業的男人很失敗，愛拚才會贏；

規則：忘我工作。

· 一位立志減肥的女性

價值觀：美就是生命的意義；

信念：瘦是美的，碳水化合物的熱量很高；

規則：少吃多運動；少吃碳水，多吃蔬菜。

· 一位不想戒菸的老煙槍

價值觀：追求生命的寬度而不是長度，要活得精彩；

信念：愉快的心情對健康最重要，抽菸不一定致癌；

規則：抽菸不能影響別人，在室外抽菸是可以的。

我曾經在課堂上做過這樣一個練習。先請一個女生上

臺，然後請她再找一位不認識的男生上臺，與她配合做課堂練習。兩位上臺後，我給那位男生一個任務，找那位女生要手機號碼。理由是在一個課堂學習兩天，大家是有緣人，想跟她交個朋友，並且第二天想打電話給她，想晚上請她一起吃個飯。

一次練習中，不管這位男生怎麼說，另外那位女生就是不給電話號碼。從女生的回答中我們可以看出她行為背後的信念系統。為什麼不給呢？

價值觀：安全很重要；

信念：現在社會上壞人太多，人要學會自我保護；

規則：不熟悉的人，是不能隨便交朋友的。

男生為什麼不成功？就是因為在幾次的請求中，男生都沒有了解那位女生的信念系統，沒能解除女生心中的顧慮。

另外一次練習中，有個女生很爽快地就給了電話號碼。在後來的詢問中，透過那位女生的回答，我們也可以看到她的信念系統。為什麼給呢？

價值觀：真誠的微笑很吸引人；

信念：直接拒絕別人不太禮貌，電話號碼也不是什麼祕密；

規則：即使對方打電話邀請了，也可以不去吃飯啊。

在信念系統中，規則往往明顯，可以拿出來討論，但信念和價值觀隱藏在內心深處，不容易發掘，一般也不會拿出來討論。管人管思想，難也就難在這個地方。

如何領導員工的思想？現在我們就有了思想的「抓手」，讀者現在就可以著手開始分析，員工在相信什麼？在看重什麼？在遵循什麼？也可以馬上著手開始計劃，到底要讓員工相信什麼？看重什麼？遵循什麼？員工的思想不是被你占據，就是被別人占據。所以，趕快行動吧！

根據優秀經理人修練模型，管理者的修練分為四個方面。

第一方面是「管理自己在『人』方面的問題」，即修練自己的心態信念。這個像限的主要任務是提升管理者的自我管理能力，包括幹部的職業意識、角色認知、自我情緒管理、自我和大我意識，突破自我局限等等。

管理者為什麼要修練自己的心態信念？原因在於面對現實的各種問題，管理者如果思想化解不開，內耗就會非常大，目標和行動也會陷入迷茫，人生處於一種抑制的狀態，也就是常言所說的：「自己與自己過不去。」個人能力的發揮被自己所局限，從而自己被自己打敗。管理者只有

明確自己的思想，強大自己的內心，才能發揮能力，有效領導下屬。

第二方面是「管理自己的事情」，即培養管理者掌握勝任工作的辦事技能，包括問題分析與解決問題的能力、撰寫報告、講演、做計畫預算等。

第三方面是「管理別人的事情」，最常見的「別人」是下屬，即幫助下屬完成任務。所以，這個象限是培養管理者指導團隊達成組織目標的能力，包括專案管理能力、目標分解與計劃執行能力、組織營運能力等。

第四方面是「管理別人在『人』方面的問題」，即管理別人的心態信念，通俗地講，就是管理者的領導力。這個象限的主要任務是學習團隊建設能力，包括管人管心，人際溝通、下屬培養、員工非物質激勵等。

進一步，透過經理人素養冰山模型（Iceberg model），如圖 10-1 所示，我們可以看到，深層次的領導技能將決定淺層次管理技術的發揮。如果管理者領導力層面的心態和思想不做出改變，一個人想充分發揮自己的管理技術，達成目標，獲得事業和人生的成功幾乎是不可能的。

對於淺層次的問題，可以透過引入管理技術類培訓課程，在短期內加以提升。而對於深層次的問題，則必須引入直指人心的領導技能培訓課程，透過外部引導與個人感悟相結合而獲得解決。

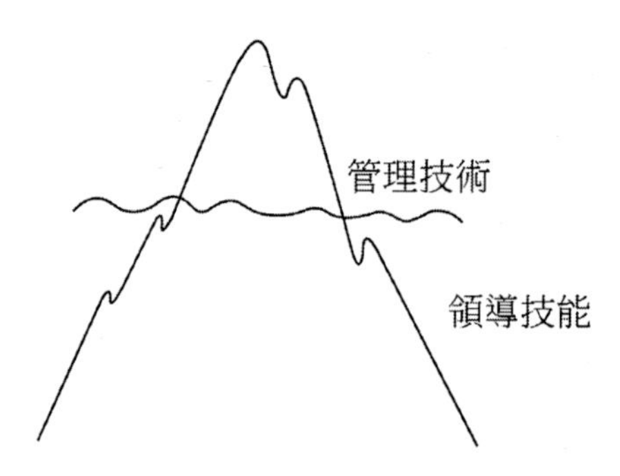

圖 10-1　經理人素養冰山模型

透過「雙線法則」，我們也知道，管理者的底線職責是建立下屬的責任心，管理者的上線職責是建立員工的上進心。作為管理者，必須武裝自己的思想。如果管理者思想貧乏，語言空洞，就不能解決下屬的困惑、幫助下屬成長。

過往的管理者培訓，往往注重於第二、三面向的技能 (管事)，忽略了第一、四面向的發展 (管人)。管理者一、四面向的修練得不到提高，二、三面向技能的發揮就會受到影響，員工內心深處也有牴觸情緒。以至管不好人，也管不好事。

綜合一、四面向的修練需要，同時以心理學、NLP、教練技術、組織行為學、管理學、人力資源管理、傳統文

化等方面的精髓為基礎，現代制定了一套新的更加實效的領導力修練系統，將管理者的領導力修練分為三個階段。

一階修練:了解自己和了解他人，建立人心的領導力，建立下屬的責任心和上進心；

二階修練：學習如何向下建立自身的威信，如何橫向溝通合作，如何「管理」上級；

三階修練：用組織系統和信念系統管理企業和領導員工，建立一對多的文化領導力；

三個階段的學習，將讓管理者升級成為一個能自我生發智慧的新領導者。

沒有凝聚力，哪來執行力

前幾年，執行力很流行，頗合老闆們的胃口。事實上，執行力不過是對當下常見管理問題的一個籠統綜述，翻遍所有的管理類教科書也沒有執行力的定義。執行力的出現代表了企業家對一勞永逸地解決管理問題的美好願望，而能帶來的實質性幫助並不多。

企業的管理問題，相當程度上是人的問題。如電影《讓子彈飛》中，姜文要讓一幫逆來順受的民眾成為改革的主力軍，需要先攏絡人心、獲得支持。姜文知道：只有有了凝聚力，才有戰鬥力和執行力。企業如何凝聚人心是一個大議題，需要考慮從企業文化的軟體到管理流程制度的硬體等一系列問題。在某企業的諮商專案中，我嘗試了一種提升企業凝聚力的解決方案，收到了不錯的效果。

對該企業進行的問卷調研顯示，有六成的人員對公司管理不滿，七成的人員希望公司進行變革，而激勵體系不合理是眾矢之的。業務部門先後有幾位資深員工外出創業，搶奪原公司的市占率。公司工程部門的施工骨幹，流失率也居高不下。並且，公司還不斷面臨其他公司挖角的問題，即使是在公司十年以上的老員工，也表示對公司沒有太多忠誠度，只是因為習慣和迫於生活的壓力而留在公司。在一次座談會之後，企業老闆深刻地感受到，企業要走下去，可以跟自己同心同德、一起奮戰的人沒有幾個。

以上種種跡象顯示，該企業的平台向心力已經低到了很嚴重的水平。而且，該企業正處於業績增長的瓶頸期，在同行競爭加劇，市場需求趨緩的環境下，企業不要說發展，甚至連生存都將成為問題。

當顧問小組對調研問卷做了系統分析，並與企業的各層次人員做了深入交流後，發現該企業凝聚力差的原因，主要集中在兩個方面。

一是回報機制不合理，如技術部門及生產部門價值產出與酬勞不對等，業務人員的激勵措施沒有連貫性，整體薪資水準在行業中屬於中下等級。

二是不注重員工的精神需求，如不注重員工的職業發展，很少舉行培訓活動，人文關懷缺乏，節假日很少有象徵性的福利。

以上兩個原因中，有結構性的問題，需要較長的週期進行系統性調整。比如，薪資調整需要引入績效管理，對比行業水位和考慮內部公平因素，再將現有薪資水準緩慢拉上相對合理的位置。這項工作不能一蹴而就，否則會提高員工預期，導致企業成本上升的壓力過大。另外，像員工的職業發展，還需要強而有力的人力資源管理平台的配套，該企業短期內還不能夠做到這一點。

但這也並不是說沒有改善的可能。顧問小組考慮用利潤分享的方式，讓員工參與獲取企業發展帶來的紅利，基本概念是用新增淨利潤的二次分配方式調節員工收入，一來減少企業的綜合投入成本，二來可以為員工帶來很實質的收益，一舉兩得。因為是以額定的淨利潤為分配基數，所以只有企業不斷發展了，員工才能有更多的紅利，這對於企業和員工都是互惠雙贏的結果。

具體的解決方案設計中，有幾個難點需要著重提出：

適用範圍的選擇上，必須考慮到企業的核心競爭力建設要求，不是大鍋炒，但範圍可以盡可能的大。

利潤分享基數為當年的可分配淨利潤乘以約定基數，約定基數的設定必須很嚴謹，否則對現有薪酬體系衝擊太大。

利潤分享標準要考慮職位價值和績效表現兩方面的因素。

兌現時間採用分期的方式，以保證方案的激勵和約束作用。

該計畫發布前，顧問團隊與企業的優秀員工進行了深入的溝通，得到了很積極的回應，一些施工工程班長覺得心裡很溫暖，覺得公司重視他們了，雖然錢不多（按預測的資料），但都覺得有希望，企業主也很高興看到這樣的效果，覺得有了貼心的人員隊伍，有什麼困難不能戰勝呢，現在的「危」處理得當，就是企業未來長足發展的「機」。

如一句古話「財聚人散，財散人聚」，利益分配是企業發展過程中最棘手，也是最關鍵的問題，利潤分享計劃為無法短期內大幅提高薪資水準，而又急需改善員工收入狀況以增加平台黏性的企業提供了一個很好的思路。

不過，企業管理任重道遠。提高企業的凝聚力需要系統的方法，利潤分享計劃只是其中的一個有效手段。

系統地提高企業的凝聚力，需要建立事業分享。就像我們在這家企業所實施的方案，讓優秀員工分享企業事業發展帶來的好處。不過，在這一步，還需要明確規劃企業未來的發展階梯，以建立員工對未來發展的穩定預期。企業凝聚力的基礎，是企業的事業有明確的未來。明確就是力量，利潤分享計劃與發展規劃相配套，才能達到最好的效果。

凝聚力的建立，還需要建立績效管理制度、員工的職業生涯發展規劃、企業內部的授權體系等，這樣可以讓員工能夠建立個人事業發展的平台。此外，配套的培訓和企業文化建立，幫助員工克服觀念的瓶頸，建立員工正確的自我意識、尊嚴意識、信任意識以及責任意識，建立企業的身分管理系統，可以滿足員工實現自我價值的需求。

建立企業文化，需要打造員工共同的信念和價值觀，建立員工需要共同遵守的辦事規則，比如，常見的流程、制度等。過去我們談企業文化往往陷入虛泛的境地，將信念系統應用到企業文化的建設中，才能讓我們的工作真正踏實。

企業文化通常分為三個層面的內容：

一是企業文化的核心，即員工內在的信念與價值觀，包括員工深藏的或潛意識的信念、價值觀、人生追求和生活哲學。

二是企業文化的外殼，企業想要的企業文化，即成文的管理制度，行為規範，以及公開的企業價值觀與追求。一般來講，企業想要的企業文化就是企業老闆所提倡的企業文化。

三是企業文化的實質呈現，即看到的企業文化表現，包括員工行為，企業形象，產品形象，以及老闆的行為處事風格等。

目前，很多企業的企業文化都呈現一種文化三明治現象，即「內在的」與「想要的」不一致，「想要的」與「看到的」又不一致，「內在的」與「看到的」有時一致，有時又不一致。建立企業文化，就需要將這三者統一起來，只有這樣才能讓企業文化落地生根，發揮作用。

「身分」決定一切，管理「身分」

有這樣一個笑話，可以感受一下，什麼是身分決定行為。笑話是這樣的：在一個城鎮裡，有一個乞丐，從小就要飯，已乞討了 40 年。有一天，有一位律師找到他，對他說：「恭喜你，經過我們的細心調查，我們發現你就是某

富翁的私生子。現在他已過世，留下一筆千萬財產給你。」乞丐驚訝之餘，律師又不失時機的問道：「現在有這麼大筆錢，你打算怎麼用呢？」乞丐緩過神來，說：「嗯，我要買一個純金做的飯碗。」

●「身分」決定一切

這就是身分。當我們確定了自我的身分後，就會自然而然地形成自己的信念，進而影響自己的能力和行為。我們的衣著打扮，行為處事，溝通語言，我們所擁有的信念、價值觀和規則等等。只要是自己參與的，都在無時無刻地維持和展現著自己的身分。

記得在某個電視節目中，一名電腦軟體商企業主，曾向現場來賓提了他們公司的一道面試問題。題目是這樣的：店員小王把一臺價值 5 萬元筆記型電腦，以 3 萬元誤賣給李先生。作為小王的經理，你需要寫一封信給李先生，把這 2 萬元要回來。

這是一道十分有趣的題目，來賓回答得非常踴躍，各種回答都有。比如：請李先生補回 2 萬元，公司將送出精美紀念品，也可以送軟體；說那臺電腦有毛病，騙李先生把電腦拿回來；可透過法律途徑把電腦追回來。當然，還有很多方法。

可是，當主持人拿這些方法問現場來賓，假設自己是李先生，收到這樣的信，會不會把 2 萬元送回去時。得到的答覆幾乎是一樣的，沒有人願意。有位來賓甚至坦白地說：「2 萬元，賺錢多難。成交了就受法律保護，幹嘛再白給人家？」

最後，觀眾和主持人都將目光投向了該名老闆。他說，他會這麼寫。主要意思如下：

李先生，您好！

首先，對打擾您，表示抱歉。事情是這樣的：因為公司店員小王的疏忽，錯將 5 萬元的筆記型電腦，以 3 萬元賣給了您。根據公司制度，小王本人需要補上這 2 萬元。

這件事確實是小王工作失誤造成的，小王也已經用她過去一年的積蓄，將 2 萬元還給了公司。小王還表示，不希望我們將這 2 萬元追回來。她說這是她的工作失誤，不想給您帶來麻煩。作為他的經理，我為有這樣優秀的員工，感到自豪。

給您寫這封信，是因為我想李先生是一位受過良好教育，有品德的人，也會像我一樣，不忍心看到小王將一年的積蓄，全部用來補償這一次的失誤。在這裡，我想知道，您會怎樣面對這個問題呢？

主持人對現場來賓又做了一次測試，假設自己是李先生，如果收到這樣一封信，是否會還回這 2 萬元？現場幾乎所有人都舉起了手。

相信這樣一封簡單的信，也會令讀者你拍案叫絕。那麼，為什麼他這樣簡單的幾句話，就能要回 2 萬元呢？

我們分析一下處理這個問題的不同方法。

現場來賓提出的方法之所以沒效，最重要的一點，是用「某某公司」這一身分與李先生溝通。這間大公司財大氣粗，是一個強勢群體，而李先生只是一個消費者，面對公司，是弱勢群體。在一個弱勢群體面前，訴說公司遭受多大的損失。這種說法，難以打動李先生，也難以打動任何人。所以，現場來賓的方法，他們自己都不能接受。

再分析老闆的這封信。

他是以「小王」的身分與李先生溝通。「小王」是一個賣電腦的店員，收入與所處的階層，相對這位李先生是弱勢群體。老闆則是以經理的身分敘述，以「小王」的身分和行為來打動李先生，而不是以公司的身分和姿態。再看這位老闆怎樣定位李先生的身分，「李先生是一位受過良好教育，有品德的人」。這樣，轉換了弱勢與強勢的身分，無疑就增加了追回 2 萬元的可能性。

接下來信中還談到，小王用自己的積蓄補償了公司，還不希望打擾李先生，作為經理的他，對小王的覺悟和境界，感到很自豪。最後，將問題交回李先生，以第三者的身分，問受過良好教育的有品德的李先生，會怎麼做？如果李先生接受這一身分定位，那麼，李先生就需要做出與這一身分相稱的行為。這樣，又增加了追回 2 萬元的可能性。

接下來，李先生會怎麼做，已經不重要了。關鍵是，親愛的讀者，你有什麼感悟呢？

● 管理「身分」

打工心態的盛行，是由於員工自我認知的局限性。在這方面，企業需要給予更多的培訓。不過要真正轉變員工的內心，培訓並不能造成決定性的作用。

因為更重要的原因是，企業缺乏一套「身分」管理系統。企業需要做的，是建立一套「身分」管理體系，透過培訓和管理體系，讓這兩種因素同時發揮作用，才可以真正改變員工的工作心態。

現在很多企業都在推行員工持股，不過員工持股並不是身分管理的全部，甚至不是最重要的部分。員工持股是在技術上解決了身分問題，然而卻沒有在員工的心態上解決問題，甚至還導致更大的問題：員工躺在股權上睡大覺，

惰性反而更足。

我們先用我原創的「身分管理矩陣」，如圖 10-2 所示，分析員工的身分，然後再研究如何管理員工的身分。

我們用兩個維度分析員工的身分，一是員工對企業的認同度，認同度有高、有低。認同度是一個綜合的概念，包含企業的事業前景、企業文化、管理風格等一系列的因素。二是員工對自己的期望值，期望度也有高、有低。期望度也是一個綜合的概念，包含員工對自我未來發展的要求，對自己能力的認可等等。

這樣兩兩對應，我們可以得到四個象限，由此劃分出四種員工身分。再研究不同身分員工的價值觀，也就是不同的員工群體，他們看重什麼和在意什麼，如圖 10-2 所示。

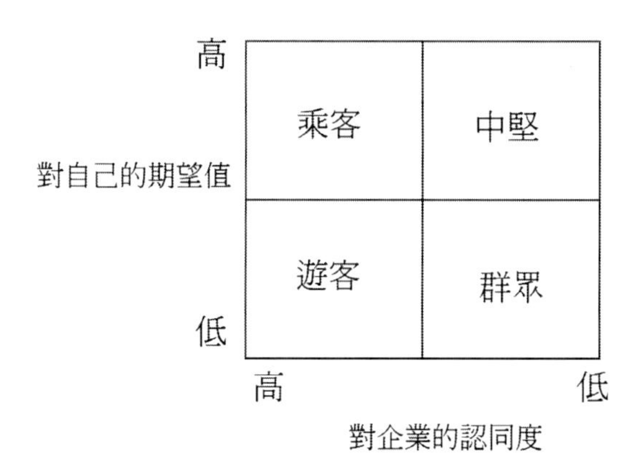

圖 10-2　身分管理矩陣

1. 乘客，
對企業的認同度低，對自己的期望值高

乘客對企業的忠誠度較低，乘坐企業這班列車的目的，是為了實現個人的目標。這類人達到個人目的，就會下車，另謀更合適的舞台，實現人生的價值。乘客一般自視較高，能力也比較突出，很注重學習和自身能力的培養，比較看重工作的成就感和較高的績效薪酬比例。

2. 遊客，
對企業的認同度低，對自己的期望值也低

遊客會認為生命的價值不是事業成就，他們會將工作看作是謀生的手段，而不是目的。他們到企業工作是抱著一種「到此一遊」的心態，如果玩得不夠輕鬆、愉快，就會下車另找場所。遊客會以比較輕鬆的態度對待工作，上進心不強，對薪酬的要求也不高，比較看重固定薪水的水準和比例，尋求工作中的快樂和短期利益。

3. 群眾，
對企業的認同度高，對自己的期望值低

群眾對企業的忠誠度較高，心態比較平穩，也不喜歡跳槽，是企業營運的基礎。不過，群眾不喜歡壓力過大的工作，也不喜歡接受過高的挑戰。群眾會很注重工作的安全性，比較關注企業管理的公平性和個人的尊嚴。

4. 中堅，
對企業的認同度高，對自己的期望值也高

中堅，言內之意就是企業的中堅力量，企業的發展需要這類人群的支撐。他們對企業的忠誠度較高，在一定程度上，將個人事業與企業事業的發展捆綁在一起。

他們會很看重企業事業的前景，自我價值的實現以及個人的前途。

乘客、遊客、群眾、中堅，這四類人群的不同身分定位，決定了他們不同的人生價值觀。在企業內部，只有界定了員工的身分，對員工的身分有了清晰的認識，才能有針對性的進行不同身分的價值觀管理。

企業家、管理者的責任，是幫助員工建立大我心態，

免除打工心您。在內部管理上，就需要幫助員工建立身分。這需要建立員工對企業的高度認同，讓遊客轉化為群眾，將乘客轉化為中堅。認同來源於兩個方面，一方面是明確展現企業存在的社會意義和價值，讓員工從內心深處認同企業的使命與願景，第二方面是建立基礎的企業文化，遵循社會的普世價值觀，如平等、尊重、分享，信任、合作等。

為什麼企業待遇很好，但仍然留不住優秀人才？為什麼企業難以做大？因為我們無法避免的問題是，薪資，獎金，股權只能換來員工表面上的投入。員工對企業的深度認同，需要價值觀層面的統一。成功企業家的特點在於，他們不僅僅停留在物質激勵機制，而是能夠深入到精神層面，與自己的員工展開精神上的對話，形成共享的價值觀，從而真正發揮物質激勵機制的效用，反觀有些企業，以一種農民或是帝王的追求和觀念在管理企業，這些價值觀已然不具備普世性，甚至與社會發展的潮流相背。這些價值觀不能被人才所接受，也難以吸引人才的加入。企業的價值觀只能在一個小範圍內，以致沒有做大的基因。

如何將群眾轉化為中堅？

關鍵是要破除員工關於自我的限制性信念，激發員工積極向上的熱情和活力。其中，最重要的就是破除「沒有資格」的信念。每一個人都有上進心，都想讓自己活得好一點，然而「沒有資格」的信念，卻讓人止步。「沒有資格」是一種對自我身分的否定性認定，比如，我哪有資格當主管，我沒有這個資歷，也沒有這個能力;我這人命苦，是不會成功和快樂的；我沒有什麼學歷和背景，哪能有什麼出息;我長得這麼矮，不會有女孩子喜歡我。凡此種種，不一而足。

「沒有資格」的信念是殺傷力最大的一個限制性信念。而且，也是最根本的一個，其他的一些限制性信念，都能在這找到影子。假如一個人為自己貼上了這樣一種標籤，就會無意識地尋找各種「證明」，來強化這種信念，從而真的讓假想變成了事實。前文在關於自信的章節，也談到這個問題。許多的「群眾」，往往不是沒有能力，也不是沒有意願，而是因為對自我的否定，從而導致對自己期望過低，以致不再追求上進。

後記

企業管理之難，難就難在管理的是善惡一體的人，和有思想的人。

如何化難為易？

用「雙線法則」和「三度空間」建立管理的格局；用「重力與推力系統」明確管理的措施；進一步，透過「託付心態與建立自我」、「打工心態與建立大我」，從根源解決問題；最後用「目標系統」管理底線，用「信念系統」領導上線。

尋根問底，抽絲剝繭，以不變應萬變。管理，說難也就不難了。

寫完本書，再一次發現結構之美和邏輯之美。自己都陶醉其中了。

是為記。

聞毅

2013 年 8 月 2 日

後記

本書創新的管理模型

利己	小人	庸人	常人
不利己 不損己	惡人	死人	善人
損己	病人	瘋人	聖人
	損人	不利人 不損人	利人

聞氏九型人格

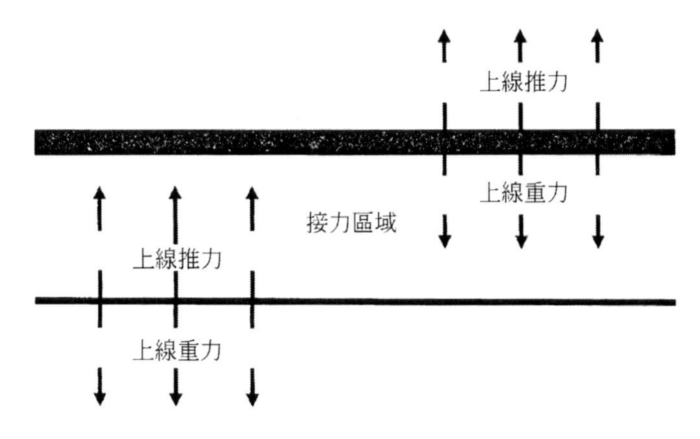

雙線法則及重力與推力系統

本書創新的管理模型

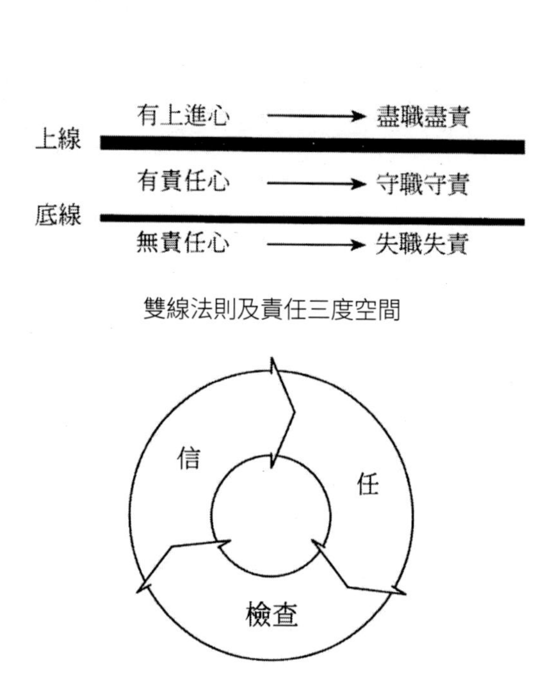

雙線法則及責任三度空間

信與任循環

責任

上線

信任

底線

放任

雙線法則及信任三度空間

成功=信心^{2}X意義

成功公式

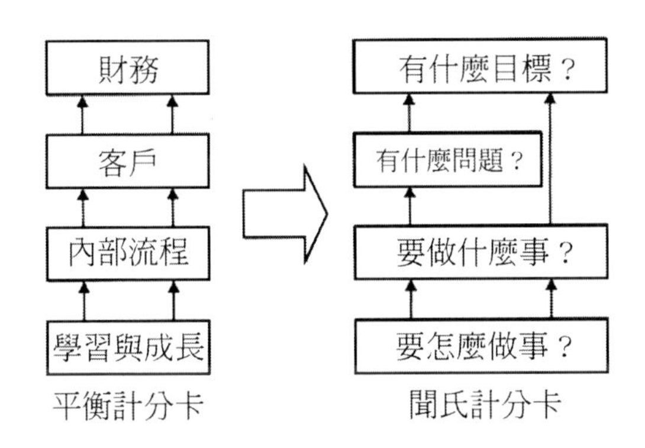

聞氏計分卡

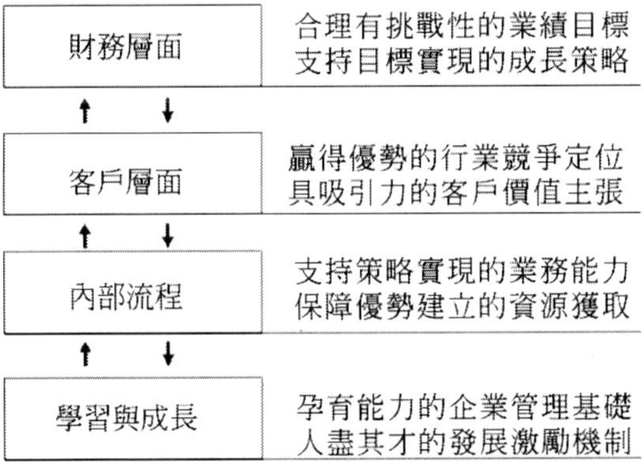

財務層面	合理有挑戰性的業績目標 支持目標實現的成長策略
客戶層面	贏得優勢的行業競爭定位 具吸引力的客戶價值主張
內部流程	支持策略實現的業務能力 保障優勢建立的資源獲取
學習與成長	孕育能力的企業管理基礎 人盡其才的發展激勵機制

業績突破模式

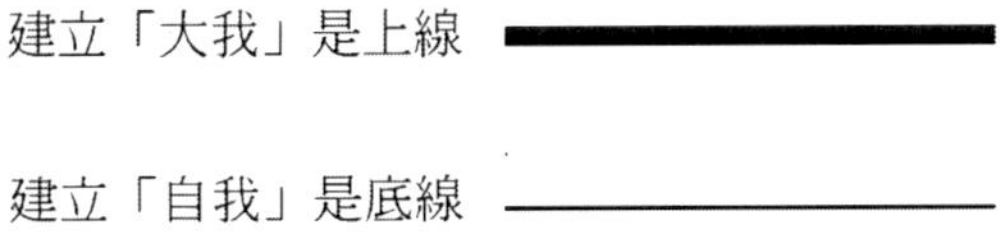

建立「大我」是上線

建立「自我」是底線

雙線法則及管理者的職責

本書創新的管理模型

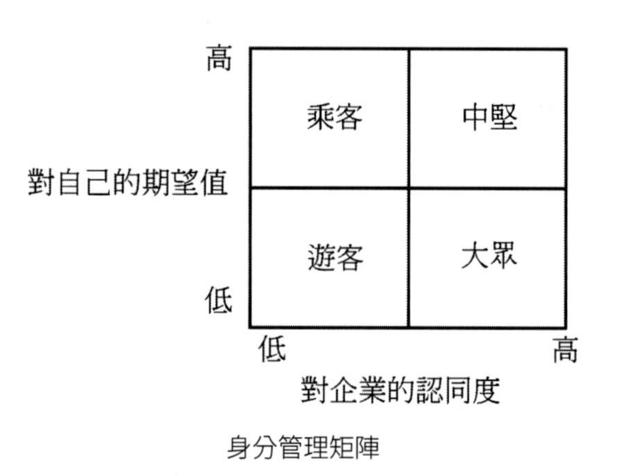

身分管理矩陣

本書的主要觀點

1. 人性由自然屬性和社會屬性組成。人的自然屬性有善有惡，人的社會屬性是對人自然屬性中惡的轉化，以及對人自然屬性中善的教化，人性向善是人社會屬性的本質。
2. 善惡與利害是同一個問題的不同說法。對人是善惡，對己是利害。道德只不過是將善惡的空間擴大到社會。道德具備功利性和超越性。
3. 人有九型：小人、庸人、常人、惡人、死人、善人、病人、瘋人、聖人。聞氏九型人格告訴我們，一個人只要不損人，就都應該被寬容；一種行為只要結果是利人，不管動機如何，這種行為就應該值得提倡。
4. 「雙線法則」是基於人性的管理法則。雙線由底線與上線組成，缺一不可。底線的目的是抑制和轉化人性的惡，上線是引導和激發人性的善。
5. 底線是硬性的規定，上線是軟性的期望。底線很明確，上線可能模糊。底線是發揮上線作用的基礎，上線是彌補底線不足的手段。
6. 制度不能解決一切問題，領導者要領導思想；管理是發揮領導作用的基礎，領導是彌補管理不足的手段。

7. 可行比理想更重要。底線不是追求理想和完美，而是追求可行。制定底線的目的在於執行，不在於教育。管理企業與治理國家，思維模式是完全一樣的。
8. 世界往往是一分為三的。管理者需要建立一分為三的思維，區分才能產生智慧。責任心需要一分為三的劃分為，無責任心，有責任心和有上進心。
9. 責任在外表現為執行力，在內依託於責任心。責任心是根本，塑造責任心是打造執行力的前提。
10. 責任心的外在工作表現同樣可以一分為三，劃分為，盡職盡責，守職守責與失職失責，這樣三種狀態。對基層員工，要杜絕失職失責，挑戰守職守責，驅動盡職盡責。對中層、高層管理者，才能要求盡職盡責，杜絕守職守責。
11. 「重力與推力系統」是解決員工責任心與上進心的責任管理系統。底線與上線各有各的重力與推力，需要因地制宜地分析原因，制定對策。
12. 「重力與推力系統」中存在一個接力區域。在這個區域中，底線與上線的重力同時在發揮作用，所以同樣也需要底線也上線的推力同時發揮作用。這也進一步說明了，管理底線與領導上線這兩種方法的缺一不可。

13. 責任不明確，得過且過的心態就會盛行，得過且過分三種情況，如魚得水，騎驢找馬，痛苦徬徨。責任不明確就讓得過且過在公司內部，不僅是合情合理的，而且是合規合法的。

14. 杜絕得過且過的現象，出路只有一條，就是明確劃分職責。有責任才有責任心，管理者首先要放棄所謂靈活性的思想。共同責任和交叉責任是職責劃分的天敵。

15. 工作職責按性質可以劃分為，例行性工作，例外性工作。明確的職責規劃主要針對例行性工作。要清晰合理地劃分職責，準確簡單地定義職責，明確規劃職位職責的結果。

16. 工作態度是輸入，不是結果；行為是轉化，也不是結果。只有產出才是結果。績效考核重點在考核結果，但需要關注過程，這是一種可持續的觀點。

17. 僥倖心理是沒有責任心不會有什麼不好？破壞制度沒有什麼不行！僥倖心理也是一種投機心理。僥倖心理會上癮，而且僥倖心理會像瘟疫一樣蔓延。

18. 制度要得到實踐，一靠嚴格的檢查，二靠公開的處罰。「莫非定律」告訴我們，會出錯的事總會出錯。執行制度的原理是，處罰什麼，才能避免什麼。

19. 趨利避害、自私是人的本性。可以改造的是管理，不可選擇，不可改造的是人性。員工不是不做，就怕做了沒結果。管理者要放棄靈活性，讓預期明確，尊重契約。
20. 績效激勵的原理是：激勵什麼，才能得到什麼。績效激勵的目的：是在企業內部形成拉力和推力。能達到目的，方法越簡單越好。認可和讚美也是激勵。
21. 每個人的一生，都在追求快樂，逃避痛苦。缺乏寬容的管理，會讓員工迴避風險，只是做到守責，而不是積極盡責。企業最大的問題就是沒有人願意負責。
22. 失敗並不能毀掉一個人，但不當的管理方式卻可以。「屢敗屢戰」才能走向成功。沒有失敗，就沒有創新。
23. 管理者的責任是幫助員工成長，有一種愛叫放手。管理者勇於承擔責任，將建立自身的威信，使下屬樂於跟隨和效力。
24. 妨礙一個人實現人生目標，甚至做成任何一件事情的根本因素，不是能力，也不是意願，而是信心。成功＝信心^2× 意義。「沒有可能、沒有必要、沒有能力」是妨礙實現目標的三大藉口。
25. 日常工作中，幫助員工建立信心需要遵循三步法。起點是了解員工的優劣勢，其次，揚長避短地合理安排員工工作，最後，幫助員工增強內心的感覺。

26. 「疑人不用，用人不疑」是理想，在現實中毫無價值可言。正確的理念是「疑人可用，用人要疑。」執行制度的前提，是不信任。制度執行不聽承諾，只看結果。

27. 熱情的來源是人生價值，熱情的原因是成就感。授權是最好的激勵方式。放任、信任與責任是管理信任的「信任三度空間」。有信才有任，有任就有責，負責才能信。不能對信任授權，只能對責任授權。

28. 授權的主要方法有六條，需要對照實施。授權與分派任務不同，授權的要訣在於：不干預。真正的授權，需要理解企業與員工的相互依賴關係。

29. 客戶價值是策略的核心，管理底線的原點。

30. 企業策略管理存在四大問題，一是策略沒有落實，二是以為行銷就是策略，第三認為目標就是策略，最後策略不能得到執行。解決這些問題需要修正認知，也需要掌握方法。

31. 聞氏計分卡是對傳統平衡計分卡的創新，只有一個縱向的因果關係。聞氏計分卡的財務層面是起點，關注有什麼目標？客戶層面是焦點，關注客戶有什麼問題？內部流程層面是重點，關注要做什麼事？學習與成長層面是基點，關注要怎麼做事？

32.「5 步二十法」貫穿了年度目標制定、年度計畫預算以及職位績效考核這三大管理流程的核心，是企業管理的「基本法」，也是策略執行管理體系，經營管控體系或策略績效管理體系。

33.「5 步二十法」，第一步是制定目標，第二步是分解目標；第三步實行目標，第四步是控制過程，第五步是回報績效。每步都解決一些關鍵的管理問題。

34. 幫助員工建立「自我」是管理者的職責底線，幫助員工建立「大我」是管理者的職責上線，管理者工作的最終目的，是幫助員工實現「自我」。

35. 託付心態是指，將自己的成功和快樂寄託在別人身上實現。導致自己的人生，自己不能負責。失去自我是指，自己的行為是為別人負責，而不是為自己負責。

36. 得過且過、僥倖心理、沒有差別，其根源都在託付心態，失去自我。建立員工的責任心，需要在員工內心深處，建立自我負責的心態。

37. 打工心態，是一種典型的聰明人心理，遺憾的是缺少智慧。這種心態，也叫自我心態，小我心態，而不是大我心態。在職場，小我只能擁有工作，大我才能帶來成功。

38. 迴避風險、缺少自信、沒有情緒，都反應了一個共同心理，即打工心態。這就需要幫助員工「建立大我」，解決員工的「身分」。

39. 只有自己才可以把握自己的人生，也只有自己才能左右自己的價值。對自己怎麼定位，選擇走什麼道路，將決定擁有怎樣的價值和人生。

40. 信念系統就是一個人的思想。信念系統由信念、價值觀和規則組成。信念是指，你相信什麼？價值觀是指，你在意什麼？你看重什麼？規則是指，事情應該怎麼做？

41. 管理者要修練自己的心態信念。管理者只有釐清並落實自己的思想，強大自己的內心，才能發揮能力，有效領導下屬。

42. 沒有凝聚力，就沒有執行力。

43. 「身分」決定一切，乘客、遊客、群眾、中堅，這四種「身分」，決定了不同人群的信念系統。企業需要建立「身分」管理系統。

本書的主要觀點

與本書相關的管理觀點

1. 策略就是如何賺錢，執行是如何賺到錢。
2. 管理始於策略，平衡才能持續。
3. 競爭策略的實質是不參與競爭，差異化策略的實質是不差異化。
4. 當細節決定成敗，就說明你已失敗。
5. 員工跟你走，是因為有未來。
6. 是企業就有三大矛盾，分工與合作，控制與效率，聚焦與離散，就看誰解決得好。
7. 業務流程規定，應該如何做事？管理流程規定，應該做什麼？
8. 中層首要任務，建立下屬責任心；中層核心任務，樹立自身的威信。
9. 什麼是威信？勇於擔當的責任心就是為「威」，說到做到的一貫性就是「信」。
10. 中層不是要與下屬保持距離，而是要保持高度。
11. 忠臣≠忠誠，永遠也不要發「忠臣獎」。

12. 知識是資源，智慧是能力，從小到大，我們都在學知識，而不是在練能力。
13. 尊嚴是自尊的結果，自尊就要自強。

企業之「痛」與解決之「道」

1. 市場不好，競爭激烈，賺錢太難，賺的錢再慢慢還回去。
2. 企業像大海中無錨的船，隨波逐流，不能安身，也不知終點。
3. 老闆的抱負和理念無人理解，也沒法落地，溝通更添煩惱。
4. 公司人心渙散，管理有心無力，推不動員工，特別是老員工。
5. 員工幹勁不足，不願意設定高目標，凡事互相推諉，不願承擔。
6. 老員工的能力不夠，專業經理人又不穩定，人才培養實在難。
7. 老闆和高層自己也難於突破，忍受自由落體的煎熬。
8. 火車越拉越重，老闆越來越累，騎虎難下，在替員工工作。
9. 經營企業精疲力竭，希望有一雙熱情的手，拉一把，推一把！

企業的需要就是我們的任務

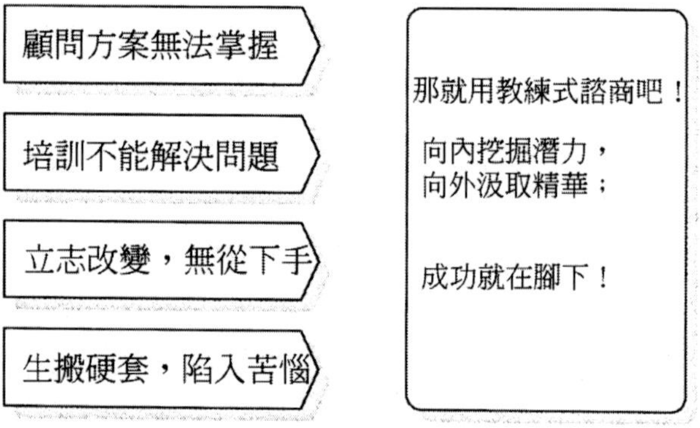

顧問方案無法掌握

培訓不能解決問題

立志改變，無從下手

生搬硬套，陷入苦惱

那就用教練式諮商吧！

向內挖掘潛力，
向外汲取精華；

成功就在腳下！

什麼是教練式諮商？

教練式諮商就是專家提供培訓和輔導，企業自主完成管理方案的制定。此模式向內挖掘潛力，向外汲取精華，突破傳統，是 CP 值最高的管理提升方式。

解碼教練式諮商

報告式諮商	教練式諮商
孤立的觀點，分裂感的報告，相互之間沒有邏輯關聯	具有連貫性的整體方案，強調方案的系統性和邏輯性策略診斷
強調文件的編寫，理論羅列，文字堆砌，顯示方案的專業性，但難以操作	強調問題的解決，重點突出，簡單明確，著重在方案的可行性
只解決事，不解決事情背後的人員觀念問題	建立管理體系的同時，還輔以員工心態、信念的輔導
舊行為得到舊結果	新行為獲取新結果

尋求管理突破，解碼教練式諮商

1. 激發員工創造力。只要獲得適當的引導，企業是能自己解決管理問題的。這樣一種方式，將激發員工參與解決問題的主動性和創造性。
2. 保證方案有效性。對自身問題的深切感受，輔以外部專家的客觀立場與專業知識，使得對問題的解決更加深入和實際，從而保證方案的有效性。

3. 建立員工歸屬感。群策群力的方式，不但能夠建立員工對管理的認同感，而且能夠建立員工的成就感，最終讓員工對企業有了更深的歸屬感。
4. 困境中轉危為機。低成本的開支，讓管理在困境中同樣得到突破，當機會來臨時，自身已具備扎實的基礎，擁有了脫穎而出的可能。

教練方案一：經營策略規劃

專案目標：

1. 訂立策略分析要分析什麼？規劃要規劃什麼？提升策略思維能力，掌握工具方法；
2. 對經營環境進行深入思考和觀點碰撞，對面臨的機遇和挑戰達成共識；
3. 盤點企業的資源和能力，以群策群力的方式創新解決重大策略問題；
4. 用策略研討達到最好的策略溝通效果，事半功倍，讓員工執行自己的策略；
5. 統整思想，確立目標，構建清晰、明確一致的業務發展規劃。

專案時間計畫：

專案總體時間計畫為 3 個月，分為 7 個階段執行。可根據企業情況進行調整。

項目 階段	階段 一	階段 二	階段 三	階段 四	階段 五	階段 六	階段 七
主要 活動	策略 診斷	策略 培訓	策略 分析	研討 會議	策略 規劃	研討 會議	策略 公告

策略規劃方法：

策略規劃模型

目標
定位
發展
經營
價值
能力

策略規劃—7步成詩法

專案成果：

經營策略分析與規劃報告。

教練方案二：目標績效管理

專案目標：

1. 確認對平衡計分卡的認識！學習正確、簡單有效的應用方法；
2. 獲得企業的策略地圖、公司級平衡計分卡、部門分級平衡計分卡；
3. 建立以客戶價值為導向的策略績效考核體系和基礎管理流程；
4. 透過顧問指導，解決企業在績效管理中遺留的「老／大／難」問題；
5. 結合自主體系建設與顧問技能傳授，從源頭打造管理體系的有效性。

專案時間計畫：

專案總體時間計畫為 3 個月，分為 7 個階段執行。可根據企業情況進行調整。

項目 階段	階段 一	階段 二	階段 三	階段 四	階段 五	階段 六	階段 七
主要 活動	企業 調查	管理 培訓	確立 目標	分解 目標	實行 目標	制定 流程	內部 宣傳

● 目標績效管理方法：

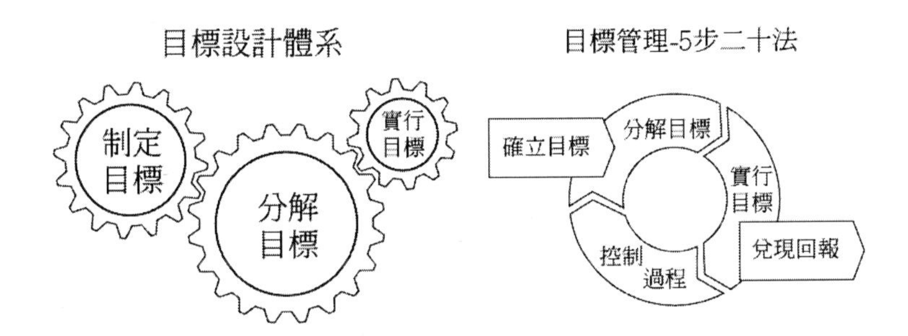

● 專案成果：

目標管理體系，包括公司平衡計分卡；部門平衡計分卡；關鍵職位績效合約；

目標管理流程，從目標制定到績效考核的整體化基礎管理流程。

教練方案三：領導技能修煉

● 專案目標：

本教練方案提取了「心理學、NLP、教練技術、組織行為學、管理學、人力資源管理、傳統文化」等方面的精髓，建立了一個新的更加實效的領導智慧系統。

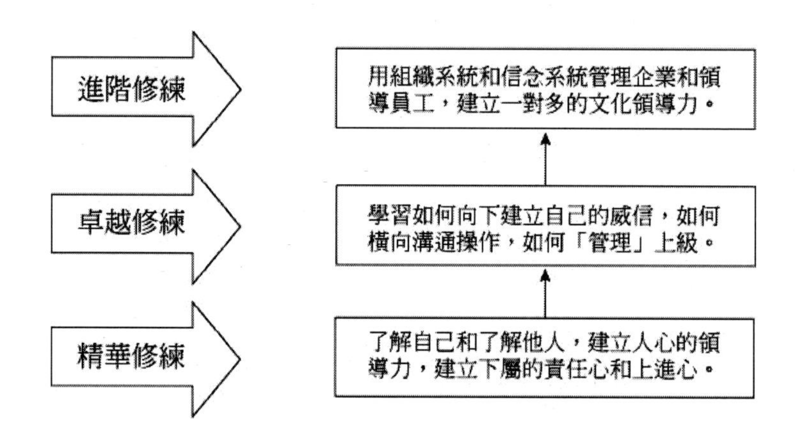

本教練方案知識系統全面，觀點直指內心，思維邏輯性強，內容深刻生動。

● **專案時間計畫：**

專案總體時間計畫為 2 個月，分為 5 個階段執行。可根據企業情況進行調整。

項目 階段	階段一	階段二	階段三	階段四	階段五
主要 活動	企業 調查	精華 修練	卓越 修練	進階 修練	成長 宣言

● **專案成果：**

經理人管理技能診斷與提升計畫，經理人領導技能診斷與提升計畫。

電子書購買

爽讀 APP

國家圖書館出版品預行編目資料

雙線法則，卓越總裁管理模式：掌握平衡之道，在善惡雙線間引領企業轉型 / 聞毅 著 . -- 第一版 . -- 臺北市：財經錢線文化事業有限公司，2024.04
面；　公分
POD 版
ISBN 978-957-680-836-4(平裝)
1.CST: 企業管理 2.CST: 企業領導
494　　113003437

雙線法則，卓越總裁管理模式：掌握平衡之道，在善惡雙線間引領企業轉型

臉書

作　　者：聞毅
發 行 人：黃振庭
出 版 者：財經錢線文化事業有限公司
發 行 者：財經錢線文化事業有限公司
E-mail：sonbookservice@gmail.com
粉 絲 頁：https://www.facebook.com/sonbookss/
網　　址：https://sonbook.net/
地　　址：台北市中正區重慶南路一段六十一號八樓 815 室
Rm. 815, 8F., No.61, Sec. 1, Chongqing S. Rd., Zhongzheng Dist., Taipei City 100, Taiwan
電　　話：(02) 2370-3310　　傳　　真：(02) 2388-1990
印　　刷：京峯數位服務有限公司
律師顧問：廣華律師事務所 張珮琦律師

定　　價：375 元
發行日期：2024 年 04 月第一版
◎本書以 POD 印製
Design Assets from Freepik.com